河南森林抚育探索与实践

师永全　主编

黄 河 水 利 出 版 社

· 郑州 ·

图书在版编目(CIP)数据

河南森林抚育探索与实践/师永全主编. —郑州:黄河水利出版社,2017.5

ISBN 978-7-5509-1766-8

Ⅰ.①河… Ⅱ.①师… Ⅲ.①森林抚育-研究-河南 Ⅳ.①S753

中国版本图书馆CIP数据核字(2017)第099473号

组稿编辑:王路平　电话:0371-66022212　E-mail:hhslwlp@163.com

出 版 社:黄河水利出版社　网址:www.yrcp.com

地址:河南省郑州市顺河路黄委会综合楼14层　邮政编码:450003

发行单位:黄河水利出版社

发行部电话:0371-66026940、66020550、66028024、66022620(传真)

E-mail:hhslcbs@126.com

承印单位:郑州新海岸电脑彩色制印有限公司

开本:890 mm×1 240 mm　1/32

印张:5.625

字数:160千字　印数:1—2 300

版次:2017年5月第1版　印次:2017年5月第1次印刷

定价:80.00元

全省森林抚育现场会室内会议

黄山松54年7次抚育间伐，资料保存完好，弥足珍贵，陈传进厅长亲临现场参观指导

师永全副厅长向陕州区政府主要领导讲解森林经营的重要性

抚育后的松树纯林，通透性明显改善，有利于为目标树生长充分释放营养空间

未抚育的松树纯林，通透性极差，大小不均匀，林分竞争激烈

抚育后的松树纯林，通透性明显改善，有利于为目标树生长充分释放营养空间

《河南森林抚育探索与实践》编委会

前言

森林是陆地生态系统的主体和重要的自然资源，是维护国土生态安全和实现中华民族永续发展的重要保障。新中国成立以来，特别是进入21世纪以来，党中央、国务院高度重视林业建设，颁布实施了《中华人民共和国森林法》及其实施条例，先后确立了“普遍护林，重点造林，合理采伐，合理利用”“以营林为基础，采育结合，造管并举，综合利用，多种经营”“严格保护，积极发展，科学经营，持续利用”等方针政策，采取一系列措施，推动我国生态保护与林业建设进入快速发展时期，森林资源得到恢复和发展，取得了巨大成就。

森林经营是培育森林资源、提高森林质量、增强生态功能、恢复和构建健康稳定优质高效森林生态系统的重要措施，是现代林业建设的永恒主题，事关林业可持续发展全局和国家生态安全、木材安全和气候安全。森林抚育是森林经营的重要组成部分，是指从幼林郁闭成林到林分成熟前根据培育目标所采取的各种营林措施的总称，包括抚育采伐、补植、修枝、浇水、施肥、人工促进天然更新，以及视情况进行的割灌、割藤、除草等辅助作业活动。抚育采伐是指根据林分发育、林木竞争和自然稀疏规律及森林培育目标，适时适量伐除部分林木，调整树种组成和林分密度，优化林分结构，改善林木生长环境条件，促进保留木生长，缩短培育周期的营林措施。抚育采伐又称间伐，包括透光伐、疏伐、生长伐和卫生伐四类。

长期以来，河南省林业建设一直“重两头、轻中间”，重视造林增加森林面积和采伐利用木材，忽视抚育经营提高森林质量这个关键环节,普遍存在“重造轻管、重采轻育、重量轻质”现象，森林资源总量不足、质量效益不高、森林生态系统退化严重、生态功能脆弱，生态产品和木材等林产品短缺问题十分突出，严重制约着经济社会可持续发展。据第八次森林资源清查，河南省有林地面积7 574.7万亩，森林总面积5 386万亩，占林地面积的71.11%。森林覆盖率21.50%，森林总蓄积1.7亿m^3。其中，中幼龄林面积3 802万亩，占森林总面积的70.6%。河南省近、成熟林等可用资源匮乏。因此，开展以中幼林抚育为重点的森林经营潜力巨大。

党的十八大把生态文明建设纳入中国特色社会主义事业“五位一体”总体布局，十八届三中、四中、五中、六中全会和《中共中央 国务院关于加快推进生态文明建设的意见》就生态文明制度体系、法律制度和战略布局做出了重大部署。习近平总书记、李克强总理、汪洋副总理等中央领导同志关于生态文明建设和林业改革发展做出了一系列重要讲话和指示批示，对林业提出了“稳步扩大森林面积，提升森林质量，增强森林生态功能，为建设美丽中国创造更好的生态条件”的明确要求，为林业改革发展和森林经营工作指明了方向。

为贯彻落实党中央、国务院对林业工作的要求和中央领导同志的系列重要指示批示精神，推动森林可持续经营，建立健康、稳定、优质、高效的森林生态系统，提高森林质量和效益，在认真总结河南省森林经营发展历程和成效，科学研判森林经营面临的新形势，系统梳理制约森林经营科学开展突出问题的基础上，编写了《河南森林抚育探索与实践》这本书，以期为地方的森林经营提供技术支撑。

编　者

2017年2月

目录

第1章
河南省森林抚育的基本情况

1.1 发展历程

河南省森林抚育工作经历了一个由无到有、由弱到不断加强的漫长发展过程,大致可分为四个阶段:一是初始萌芽阶段(20世纪50~70年代)。新中国成立后,为不断满足国民经济恢复和发展对木材日益增长的需求,河南省贯彻执行中央提出的“普遍护林,重点造林,合理采伐利用木材”的林业工作方针,一方面加强对现有林保护管理和大力开展植树造林,另一方面大量砍伐林木支援经济建设。二是积极探索阶段(20世纪八九十年代)。党的十一届三中全会之后,随着森林资源调查技术的不断规范和完善,河南省对森林经营工作进行了积极的探索和有益的尝试。首先,开展森林资源二类调查工作,编制森林经营方案;其次,建立健全森林采伐、林地保护等规章制度,严把森林采伐关。三是深入发展阶段(进入21世纪至2010年)。进入21世纪后,河南省不断加大力度,积极推进森林经营工作。2003年起,先后组织开展了平原农田防护林采伐管理、低产低效林更新改造、森林经营方案编制、林地保护利用规划编制等试点工作。从2005年起,省林业厅将中幼林抚育工作纳入林业年度工作重点,并按照国家林业局的安排,相继开展重点公益林区中幼林抚育和速丰林工程大径级材培育示范试点。2006年,首次将包括中幼林抚育和低质低效林改造的森林经营工作纳入《河南省林业发展“十一五”规划》。2006~2007年,组织近万人,投入资金9 800万元,开展了全省性森林资源二类调查工作,并将森林抚育和改造工程作为八大省级重点生态工程之一纳入《河南林业生态省建设工程规划》,截至2010年完成中幼林抚育和低质低效林改造近200万亩。四是蓬勃发展阶段(2010年以来)。2010年以来,河南省先后实施了《河南林业生态省建设工程规划》《河南林业生态省建设工程提升工程规划》,国家林业局实施了中央财政补贴森林抚育补贴,这使河南省的中幼林抚育及低质低效林改造工作进入了一个蓬勃发展阶段,年均抚育中幼龄林340万亩。

1.2 主要成就

1.2.1 森林资源持续增长,森林结构明显改善

经过近5年来的持续努力,河南省森林抚育总面积及资金投入不断扩大。“十二五”以来,国家和省财政共投入森林抚育资金10.84亿元,其中国家投入4.18亿元,省级财政投入6.66亿元。国家和省级财政平均每年投入森林抚育资金2.17亿元。“十二五”以来,全省共完成森林抚育1 074万亩,为计划任务1 014万亩的105.9%,其中,中央财政补贴森林抚育共完成408万亩,为计划任务391.64万亩的104.2%;省级森林抚育共完成666万亩,为计划任务622.36万亩的107%。通过5年来的森林抚育经营,河南省呈现出林分质量明显提高、林分卫生状况显著好转、森林生态状况不断改善的良好态势,极大地促进了森林资源的增长。从2013年底公布的全国第八次森林清查结果来看,河南省森林蓄积量由2008年第七次森林清查的1.29亿 m^3 增加到2013年的1.71亿 m^3;森林每公顷蓄积量由45 m^3 增加到55.98 m^3,乔木林平均每公顷蓄积量增加10.33 m^3,平均每公顷年生长量增加0.58 m^3,平均胸径增加0.9 cm。从2011年以来河南省46家国有林场连续5年森林抚育成效监测结果看,多地监测汇总数据显示通过抚育的林分年平均胸径生长量增加0.35 cm,超过对照(年平均增加0.22 cm)59%;森林蓄积量年平均增加0.33 m^3,比对照(年平均增加0.21 m^3)年平均增加57%。各林场、不同条件区的监测结果也有一定差异,有的地方抚育成效尤为显著。以平原区西华林场为例,7年生杨树林疏伐株数强度31%,4年后森林蓄积每亩净增量5.1 m^3,超过未抚育对照样地70%;洛宁三官庙林场35年生硬阔林,生态疏伐株数强度19%,4年后森林蓄积每亩净增量1.3 m^3,超过对照标准地242%;济源大沟河林场35年栎类纯林疏伐株数强度18%,4年后森林蓄积每亩净增量1.04 m^3,超过对照标准地197%。抚育间伐明显提高了林地生产力。

1.2.2　管理制度不断健全，各项工作规范开展

“十二五”以来，全省认真贯彻落实中央和省级森林抚育政策，自上而下建立了计划管理制度、设计评审制度、核查稽查制度、合同管理制度、考核奖惩制度以及资金拨付、公开公示、技术培训等一系列抚育管理制度，对推进森林抚育工作开展起到了重要作用。2015年及时下发了国家林业局新修订的《森林抚育规程》和《森林抚育作业设计规定及检查验收办法》，根据国家规定及技术规程，新修订并颁布了《河南省森林抚育作业设计规定》。这个规定成为目前规范河南省森林抚育作业设计、施工管理以及检查验收的主要依据。

1.2.3　抚育机制不断创新，助推区域经济发展

通过“十二五”以来的努力，河南省森林抚育机制不断创新。一是领导重视、多级联动是做好森林抚育工作的保证。森林抚育工程能够在全省顺利开展，首先得益于各级领导的高度重视和有关部门的大力支持。县委、县政府高度重视森林抚育工作，成立高规格的领导协调机构，出台一系列激励政策措施。乡镇基层把森林抚育作为加快林业资源培育、提高林地生产力、促进农民增收的重要抓手，采取有力措施，组织推动森林抚育工作扎实开展。二是专业队施工是确保施工质量的关键。通过成立专业施工队，开展岗前技术培训，采取统一技术标准，统一施工管理，保证了抚育作业的专业化操作，有效提高了森林抚育质量。三是施工者与林权人分离是保证林木不被乱砍滥伐的根本。受利益驱使，把森林抚育作业任务交由林权人实施，很有可能导致砍大留小、批少砍多、砍伐透天窗等乱砍滥伐林木现象的发生。而把抚育任务交由专业队实施，专业队通过劳动获得项目资金报酬，砍伐的木材由林权人处理收益，避免了借机砍伐林木的问题。四是通过森林抚育经营，带动了一批以抚育剩余物为原料的其他产业，延长了林业产业链条，促进了区域经济发展。栾川、南召、泌阳等县通过森林抚育，利用栎类抚育剩余物，生产香菇、木耳等食用菌。栾川利用松针、松枝等抚育剩余物，生产松针饲料，南召利用栎类抚育剩余物及食用菌袋料废弃物加工

成环保型压缩可燃颗粒，并且生产专用壁炉供冬季取暖用。栾川仅抚育剩余物再利用一项，每年发展袋料食用菌500余万袋，种植药用菌100万穴，经济效益超过1.6亿元，大大增加了林农收入，提高了林区群众参与、支持森林抚育的积极性，实实在在带动了地方经济发展。五是森林抚育补贴政策对促进林场职工和林农就业增收起到了积极作用，有效缓解了林场经济危困，激发了林场活力。特别是对国有林场，作用尤为明显，参与抚育作业的林业职工年收入增长普遍在4 000元以上，最高达9 000余元，进一步拓展了林场职工就业和增收渠道。

1.2.4 人才培训日趋多元化，技术支撑不断强化

培养森林抚育技术人员、施工人员和监理人员是做好森林抚育作业设计和保证作业质量的基础性工作。近年来，我们探索出了一条自上而下、自内而外的多渠道、多元化培训制度，培养了一批森林抚育技术人员和施工人员，为河南省森林抚育工作深入开展储备了技术人才和施工力量。一是组织省厅有关单位、河南农大的专家、省辖市营造林科长、山区重点县和国有林场技术负责人积极参加国家局组织的相关培训，尽快掌握新技术、新规程，从师资上为开展全省培训奠定了人才基础。二是省厅组织市县级林业主管部门营造林技术人员、国有林场技术负责人和业务骨干等进行全面集中培训，共培训抚育技术人才3000余人次。三是室内培训和实地操作相结合。省厅每年组织森林抚育现场会，既是树立典型，也是实地操作培训。重点培训不同林分起源、森林类型、发育阶段的抚育措施和注意事项。各省辖市、项目县每年也纷纷组织抚育现场会和实地操作培训，对相关技术和规定进一步学习、强化，真正把抚育任务落实到地块。2014年，省厅立项了"河南平原森林抚育技术研究"和"河南山区森林抚育技术研究"两个科研课题，项目期5年，主要研究不同立地条件、不同气候条件下，不同林分起源、不同森林类型、不同发育阶段的林分抚育经营技术路线和实施细则，为河南省的森林抚育经营奠定理论基础。

1.3　面临的问题

虽然河南省在森林抚育经营方面取得了一些成绩，但是从河南省现状来看，还需要正确面对四个方面的突出问题。

1.3.1　理念问题

长期以来，河南省林业建设一直“重两头、轻中间”，重视造林增加森林面积和采伐利用木材，忽视抚育经营提高森林质量这个关键环节。近年来，虽然各地的认识水平逐步提高，但是这种现象还没有完全扭转过来，可持续经营、多功能经营等科学经营理念还没有牢固树立。一些地方重造林、轻抚育的现象还很普遍，认为造林容易出政绩、出效果，抚育就是修修剪剪砍砍，从思想上没有根本重视起来。一些地方抚育取材、拔大毛的思想还比较严重，经营措施简单粗放。一些地方对停止天然林商业性采伐、全面保护天然林的战略部署还存在认识误区，认为“停伐”“保护”就是一棵树也不能砍，以致必要的森林抚育受限，势必使林分中劣质林木甚至病腐木都不能得到清除，优质林木不能充分地释放生长空间，影响了森林质量提升和森林蓄积增加。停止天然林商业性采伐，根本上就是由利用森林转变为经营森林，使其正向演替。

1.3.2　人才问题

近几年来，虽然河南省加大了人才培训力度，但在总体上，还是存在基层培训不到位、技术力量薄弱、施工队伍良莠不齐等问题，与森林可持续经营的要求还相差甚远，成为制约河南省森林抚育工作开展的一个瓶颈问题。生产实践中，无论是各级林业管理部门、科研机构，还是基层单位，森林抚育人才短缺、青黄不接、流动性大等问题较为突出。同时，各地既缺乏理论与实践融会贯通的森林抚育领军专家团队，又缺乏理念先进、能将理论与实践紧密结合的森林抚育管理技术人才，更缺乏掌握技术要领、操作技能娴熟的施工作业队伍。

1.3.3 机制问题

农业人口减少给森林经营主体和经营方式带来了新变化，集体林区经营主体呈现多元化、分散化趋势；国有林场和国有林区正处于改革转型时期，林区社会组织形式也正在发生新变化。对于新形势下如何激发森林经营的动力和活力问题，我们研究得还不够深入；对于森林经营组织形式、运行机制研究探索创新不够，市场配置资源的决定性作用没有充分发挥出来，经营主体自觉主动开展森林经营的积极性没有充分调动起来。

1.3.4 基础设施落后

河南省营林基础设施建设没有专门的资金投入渠道，森林抚育基础设施严重落后。林区路网、森林抚育作业道密度低、等级差，先进的森林经营技术和营林机械设备难以有效推广，经营装备落后，作业手段简单，生产作业条件差、成本高、效率低，严重制约了森林抚育经营活动正常开展和防火防虫应急反应能力。

第2章
准确把握森林抚育工作面临的新形势新要求

当前,我国经济发展进入新常态,生态文明建设步入新高度,林业改革发展进入关键期和攻坚期。党中央、国务院对林业工作高度重视,社会各界对生态问题日益关注,人民群众对良好生态需求更加迫切,林业改革发展的内外部环境正在发生深刻变化。认真研判和准确把握这些新变化、新趋势,对于科学谋划、全面推进河南省"十三五"乃至今后较长一个时期的森林抚育工作至关重要。大力加强森林抚育工作,应成为今后全省林业系统的自觉和共识。

2.1　加强森林抚育,是建设生态文明的现实要求

坚持科学发展、构建"两型社会"、建设生态文明、应对气候变化、促进绿色增长已成为我国的国家战略。十八大报告更是将生态文明建设提到了前所未有的高度,强调要加快建立生态文明制度,努力建设美丽中国,实现中华民族永续发展。十八大以来,习近平总书记、李克强总理、汪洋副总理等中央领导对加快林业改革发展做出了一系列重要批示指示,明确指出"林业建设是事关经济社会可持续发展的根本性问题",并对林业工作提出"扩大森林面积,提高森林质量,增强生态功能,保护好每一寸绿色"的目标要求,为全面加强森林抚育工作指明了方向。习近平总书记在国家林业局报送的《关于第八次全国森林资源清查结果的报告》上做出重要批示,他指出:"要全面深化林业改革,创新林业治理体系,充分调动各方面造林、育林、护林的积极性,稳步扩大森林面积,提升森林质量,增强森林生态功能,为建设美丽中国创造更好的生态条件。"这为我们今后的林业工作,特别是森林抚育工作进一步指明了方向。中央发布的《关于加快推进生态文明建设的意见》明确要求把保护和修复自然生态系统放在突出的战略位置,加强森林保护,大力开展森林经营,提高森林质量。贯彻落实中央领导重要批示指示精神,我们必须认真分析新形势,找准林业发展新的增长点和林业转型升级的切入点,既要继续加强造林绿化,拓展造林绿化空间,努力扩大森林面积,更要以提质增效为核心,全面推进森林抚育,切实转变发

展方式，努力推动林业发展实现新突破、新提升。

2.2　加强森林抚育，是实现资源保护和木材利用的双赢选择

2013 年，中国科学院院士唐守正向国务院提出建议“加强森林经营，实现森林保护与木材供应双赢”。汪洋副总理批示指出，唐院士关于加强林业养护、提高林木单产的意见是非常有价值的，应在以后的工作中注意向这个方面推动，使我国的林业发展能够在增加面积、提高质量两个方面都有大的进步。从河南省实际出发，无论是实现林业“双增”目标，还是维护国家生态安全、木材安全来看，我们都要把森林抚育经营与植树造林放在同等重要甚至更加重要的位置。如果通过抚育经营，将单位面积森林蓄积量提高 1 倍，就相当于将森林面积扩大 1 倍，这对于河南省宜林荒山荒地十分有限的地方显得尤为重要。

2.3　加强森林抚育，是国家林业发展战略的重大部署

近年来，国家林业局从战略高度明确提出，森林经营是现代林业建设的永恒主题，是关乎林业发展全局的大事，要把全面开展森林抚育、大力加强森林经营作为林业建设的核心任务和主攻方向。国家林业局原局长赵树丛在 2014 年全国林业厅局长座谈会上强调“为应对气候变化，我国已确定到 2020 年森林覆盖率达到 23% 以上的目标。实现这些目标，重要的一个方面就是要加强森林抚育经营，提高现有森林质量”；2015 年初在吉安市调研时指出“要按照中央 6 号文件精神，通过这次国有林场改革，将国有林场纳入公共财政支出框架之内，要着眼长远，通过森林抚育经营，更好地保护发展森林资源，为经济社会发展提供更多更好的生态产品”。国家林业局局长张建龙 2015 年 7 月在全国林业厅局长电视电话会上，进一步指出，“森林资源质量不高，是我国林业最突出的问题。提高森林资源质量，关键在于加强森林经营”；“增加资源总量，提升资源质量，是充分发挥林业多种功能的根本保

证”；“既要研究如何保持造林速度，增加森林面积，又要研究如何加大保护力度，巩固造林成果，还要研究如何加强森林经营，提高森林资源质量，探索一条造林、保护、提质并重的发展之路”。贯彻落实国家林业局的战略部署，就要求我们认真分析河南省森林经营工作的历史、现状和发展前景，锐意改革，推动创新，建立健全森林经营规划、经营方案、技术标准、质量监管等森林经营制度，全面科学推进森林经营，充分挖掘林地潜力，努力在提高森林质量、增强生态功能上下功夫、见实效。

2.4 加强森林抚育，是保障林产品供给，增强经济社会发展支撑能力的有效途径

经济社会发展对林业的需求日益增多，对木材等林产品的需求持续刚性增长。我国木材对外依存度接近50%，木材安全问题成为影响我国经济安全的重要因素之一。随着河南省林业产业的快速发展，除几家大型林浆纸企业外，现有人造板、木制品等加工企业达1.4万多家，对木材的需求量巨大。林木资源是搞好林业产业的前提条件和基础，林产工业原料匮乏，林业产业发展就会成为无源之水、无本之木。通过森林抚育间伐，可以在森林的生长到成熟期间，对间伐材进行多次、可持续利用，缓解林产工业原料不足的难题。近几年来，河南省木材加工业的发展，激活了市场，大径级工业材原木价格有所上升，一批成熟林、近熟林被采伐，可利用的优良资源逐年减少。因此，通过森林抚育，培育大径级木材资源，增强加工业发展后劲，也势在必行。同时，森林抚育产生的小径材及枝丫材等抚育剩余物，可以为食用菌发展、生物质能发电等产业提供支持。林业产业的现实需求，急需对现有的大面积中幼林资源进行集约化的抚育经营。

2.5 加强森林抚育，与停止天然林商业性采伐不矛盾

按照中央和国家林业局的要求，我国将逐步实现全面停止天然林商业性采伐。2014年启动龙江森工、大兴安岭停止天然林商业性采伐

试点,2015 年全面停止东北、内蒙古重点国有林区天然林商业性采伐,2016 年实现国有林场和其他国有林区停止天然林商业性采伐,2017 年实行集体林区停止天然林商业性采伐,最终实现全面停止天然林商业性采伐。执行天然林停伐新政,要求我们认真研究如何在严格保护天然林资源的基础上,针对不同生态区位、主导功能制定经营策略、技术措施和管理政策,科学推进天然林经营,全面提升天然林质量和功能。

2.6 加强森林抚育,是促进绿色低碳发展,发挥林业应对气候变化作用的战略选择

2.6.1 林业应对气候变化的重要性

促进绿色低碳发展应对气候变化,已成为国际社会普遍共识。目前,我国虽不承担有法律约束力的温室气体减排义务,但作为最大的发展中国家和全球第二大温室气体排放国,正面临着越来越大的国际减排压力。森林作为陆地上最大的储碳库和吸碳器,在维护气候安全中具有不可替代的作用。森林的固碳减排功能得到全球公认,发展中国家减少毁林和森林退化导致的排放,以及通过森林保护、森林可持续经营、增加森林面积而增加的碳汇作为减缓措施已被纳入国际气候谈判进程。2007 年,国务院印发了《中国应对气候变化国家方案》,将加大植树造林力度、提高森林经营质量、增加森林碳汇作为我国应对气候变化的重点领域之一,明确提出林业在应对气候变化中具有重要地位,林业“双增”目标是未来我国应对气候变化的三个重要目标之一。中央林业工作会议特别强调“林业在应对气候变化中具有特殊地位”“应对气候变化必须把发展林业作为战略选择”。在 2015 年的巴黎气候峰会上,习近平总书记承诺:到 2030 年单位国内生产总值二氧化碳排放比 2005 年下降 60% ~65%、非化石能源占一次能源消费比重达到 20% 左右、森林蓄积量比 2005 年增加 45 亿 m^3、二氧化碳排放 2030 年左右达到峰值并争取尽早达峰。

2.6.2　河南省在林业应对气候变化方面取得的成效

河南省森林资源增长和碳汇潜力巨大。但是,由于森林质量差,森林生物量较低,而且中幼龄林比重大,森林固碳减排的潜力远未发挥出来。全面加强森林经营,提高森林碳汇能力,既可以拓展河南省经济社会发展空间,促进绿色低碳发展,又可以为国家林业应对气候变化做出应有的贡献。河南省森林总面积 5 917 万亩,有 4 333 万亩中幼龄林。经过这些年努力,已经抚育经营了 1 700 万亩,仍然有 3 133 万亩中幼龄林正处于快速生长、剧烈竞争阶段,需要进一步扩大抚育规模,加快抚育经营力度和进度,改善林分结构,提高林分及立地的稳定性和生物多样性;否则,将错过最佳抚育时机,造成无法弥补的损失。

(1)"十二五"以来,碳储量增加显著。"十二五"以来,全省共新造林面积 1 798 万亩,森林抚育和改造 1 078 万亩,年均造林 359.6 万亩,年均抚育和改造 215.6 万亩。与"十一五"末相比,森林面积增加了 358.5 万亩,森林覆盖率上升了 1.43 个百分点,森林蓄积量增加了 4 158 万 m^3。经测算,林木每生长 1 m^3 蓄积,可吸收 1.83 t 二氧化碳,释放 1.62 t 氧气。"十二五"期间共增加森林碳储量 7 609 万 t,释放氧气 6 739 万 t,年均增加碳储量 1 522 万 t,年均释放氧气 1 348 万 t,新增森林释放氧气每年可供 4 920 万人需氧量(每人年均吸收氧气 0.274 t)。

(2)积极推进林业应对气候变化及大气污染防治工作。根据《林业应对气候变化"十三五"行动要点》和河南省大气污染防治联席会议精神,成立了陈传进厅长任组长的"河南省林业应对气候变化暨大气污染防治领导小组"。按照省大气污染防治联席会议成员单位责任清单,认真落实各项任务,积极推进林业应对气候变化和大气污染防治工作。

(3)扎实开展林业碳汇计量监测体系建设工作。林业碳汇计量监测体系建设是一项重大的基础性、全局性、战略性工作。做好体系建设工作,既是创新林业工作载体、提升林业地位影响、为林业长远发展创造良好环境的重要抓手,也是深化林业改革、推进林业监测能力和监测

体系现代化、加快建设生态文明制度的内在要求。做好林业碳汇计量监测体系建设工作，既是科学阐述林业应对气候变化情况、拓展国家发展空间、服务国家气候变化内政外交的战略需求，也是支撑省级林业碳汇清单编制和碳汇交易试点，支撑国务院对河南省节能减排降碳年度考核的现实要求；是继森林覆盖率之后反映河南省生态文明建设成就的重要指标。通过一年多的努力，河南省碳汇计量监测体系建设工作已经取得了阶段性成果。2016 年在北京召开的全国林业碳汇计量监测体系建设会议上，河南省在工作的组织领导、经费保障、组织开展及地方配合等方面得到国家林业局领导的充分肯定和高度评价，取得的经验被各地学习借鉴。

第3章 科学解决开展森林抚育的几个认识问题

3.1　森林只有通过抚育经营才能实现功能效益最大化

森林抚育经营是以增加蓄积量、提高森林质量、挖掘林地潜力、发挥森林功能作为第一目标。森林覆盖率低、人均森林资源少、森林结构不合理、单位面积蓄积量低、森林健康活力不强是河南省森林目前存在的主要问题。只有通过森林抚育经营，人为促进森林正向演替进程，才能在一个相对较短的时期内，达到最大化的林分生产力，实现最大化的森林功能效益。

3.2　森林抚育必须因地制宜、因林施策

森林生命周期的长期性和森林类型的多样性，决定了森林抚育经营措施的差异性。河南省各地自然环境、资源状况、经济水平等森林经营基础条件各不相同，这就需要我们在森林经营基本理论的指导下，尊重自然规律和经济规律，按照森林不同演替阶段的特征，研究提出适合当地实际的森林经营技术措施和切实可行的操作办法。近年来，国家抽查、省级核查以及实地督导发现了不少问题，有些地方不针对林分特点，不考虑林龄阶段，不按照规程要求和作业设计规定，只顾及节约成本，“一刀切”“一个样”地采用全林割灌、修枝等抚育措施，做了不少徒劳无功的事情。无论是天然林，还是人工林，森林抚育经营的措施都要科学合理，都要符合林分特点。特别是割灌除草，目的是保护目的树种幼苗幼树，只对影响幼苗幼树生长的一米见方内的灌木杂草进行清除，对那些并不妨碍目的树种生长的杂草灌木，一定要注意保留，不能破坏生物多样性，不能破坏林下更新的幼苗幼树和珍稀保护植物。

3.3　抚育间伐是森林经营的重要措施

从科学的角度说，采用合理的抚育间伐措施，可以优化森林空间结构，改善目的树种营养空间，加速林木生长，提高林分质量。因此，我们

应该正确处理抚育间伐与森林经营的关系，纠正林木采伐与森林经营对立的认识误区，有规律、合规矩地开展森林抚育间伐。《森林抚育规程》对透光伐、疏伐、生长伐、卫生伐等抚育间伐的适用条件、技术要求、质量控制指标等进行了明确规定，各地要按照规程要求科学开展抚育间伐活动。森林抚育间伐要紧紧围绕促进培育健康稳定、优质高效森林生态系统这一目标，在“留”和“砍”的问题上，优先考虑如何让山上留下优质林木，再根据“留”的需要确定“砍”的林木，也就是我们常说的目标树和干扰树，真正把抚育间伐作为培育森林的一项措施落实到生产实践中，坚决摈弃以抚育之名行取材之实的做法。

3.4　抚育经营是财富增长的有效投入

只要经营方式科学合理，通过延长轮伐期、增加抚育采伐次数、提高目标直径等措施，充分利用好中小径材、大径材各自的优势，经营森林不但能够持续得到中期收益，而且能使最后的总体收益最大化。

第4章
加强混交林培育

4.1　河南省混交林发展现状

根据第八次森林资源清查结果，河南省森林面积在全国居第 22 位，人均森林面积为全国平均水平的 1/4；森林覆盖率在全国排第 20 位；人均森林蓄积为全国平均水平的 1/6；林地生产力低下，每公顷森林蓄积量仅为全国平均水平的 62.3%；森林资源分布不均，森林多为纯林，幼中龄林比重过大，混交林比重过小。

从森林类型构成比例来看，河南省乔木林中，针叶纯林、阔叶纯林、针阔混交林的面积比例为 12∶86∶2，混交林仅占 2%。天然林中，针叶纯林、阔叶纯林、针阔混交林的面积比例为 7∶90∶3，混交林仅占 3%。人工林中，针叶纯林、阔叶纯林、针阔混交林的面积比例为 15∶83∶2，混交林仅占 2%。可见，河南省混交林面积比例非常低。

从具体树种来看，栎类、杨树是河南省最主要的树种，栎类面积 1 418.4 万 hm^2，蓄积 4 222.66 万 m^3，分别占乔木林面积、蓄积的 30.97% 和 24.70%；杨树面积 1 327.95 万亩、蓄积 7 511.49 万 m^3，分别占乔木林面积、蓄积的 28.99% 和 43.94%。

4.2　国内外混交林研究进展

4.2.1　国外混交林研究进展

国外对混交林的研究历史大致可以分为 4 个阶段：

（1）对混交林的认识阶段。人们对混交林的认识开始于 19 世纪工业革命时期。19 世纪中叶以前，工业革命时期产生了以云杉为主的纯林的大量营造情况，但随之而来的是地力衰退、风倒和虫害等问题，为了解决这些问题，人们不得不向大自然求救。人们认识到人工纯林的不足及对混交林进行生产培育的重要性，开始了对混交林的培育与研究。

（2）混交林营造的实践阶段。19 世纪中叶到 20 世纪初，混交林研究的成果相继出现。Karl Gaver 于 1886 年出版了第一部混交林著作

《混交林的建立和管理》，书中以云杉和山毛榉为例的混交林营造进行了讨论，揭开了混交林营造快速发展的序幕。德国、保加利亚、芬兰、捷克斯洛伐克、瑞典和苏联是从事混交林研究最早的国家。

(3)混交林的栽培、生产和产量的研究阶段。20 世纪初，苏联在实践白蜡及落叶松的人工混交林栽培过程中取得了较为突出的成果。为了改良木材特性，优化森林资源，英国、爱尔兰等国家在 20 世纪 30 ~ 40 年代开始对混交林着手研究，主要在乡土栎树与欧洲落叶松混交林等针阔混交林等方面。

(4)开展混交林种间关系和增产机制的研究。20 世纪 40 年代至今，针对这一问题的研究逐步成为热点，其主要研究问题集中在混交树种间的根系分布情况、混交树的种间竞争情况及土壤微生物种群变化等多方面的研究，从氮的矿化以及为林木提供更多的速效氮等方面揭示混交林的增产机制。由此可见，目前对混交林的生产培育等问题已经有了较为深入的研究，以种间关系和增产机制为目标的研究方向也已成为当今的研究热点。

4.2.2 国内混交林研究的进展

由于历史等原因，混交林的研究亚洲相对欧洲较晚，到了 20 世纪 60、70 年代，有关混交林的研究报道才出现在人们的视野。我国对于混交林的研究大体上可以划分为 3 个阶段，即准备阶段、发展阶段和提高阶段。

(1)准备阶段。我国在新中国成立前几乎没有什么混交林方面的研究，从新中国成立初期到 20 世纪 70 年代末为混交林研究的准备阶段，主要是引进和传播国外尤其是苏联的技术和经验，有些单位有计划地布置了生产性或供科学研究的人工混交试验林，并进行了生长状况等基本调查研究，也开展了少量的生物量与枯落物方面的研究；翻译出版了有关混交林和树种间关系的研究报告或专著。

(2)发展阶段。从 20 世纪 70 年代末到 90 年代初为混交林研究的发展阶段。随着造林生产规模的扩大和纯林弱点的暴露，对于造林技术提出越来越多的要求，其中包括对于混交林营造技术的要求；前期营造的混交林也陆续郁闭成林，混交效果和树种之间的关系也逐步表现出来；这些问题也引起政府主管部门的关注和支持，研究的范围逐步扩大，有的立项进行专门研究。在试验手段方面，先进测试仪器的出现和运用，为研究工作开创了新的局面。南方混交林研究协作组的成立及研究课题立项可以说是开了这个发展阶段的先河，这个协作组中的许多单位和研究人员对于杉木、马尾松、桉树等混交林的研究提供了大量研究成果，为混交林研究的发展做出了重要贡献。除此之外，这一时期代表性的研究单位和研究工作，华北地区有北京林业大学对于油松混交林和杨树刺槐混交林的研究，山东省混交林协作组对省内多种类型混交林的研究；东北地区有东北林业大学和黑龙江省林业科学院等对于落叶松、红松和其他树种混交林的研究。研究的内容除生长效果外，营养循环方面的报道增多，也出现了生化它感作用方面的初步探讨。这些研究发表了大量研究报告，出版了若干专著，也促进了混交林营造的推广。

(3)提高阶段。进入 20 世纪 90 年代，特别是在国家自然科学基金对于混交林研究的重点项目立项以后，对于混交林的试验研究内容更为全面，试验地的布设更为正规，试验研究手段更为先进，试验研究和林业生产的联系更加紧密。理论研究的深化，为指导林业生产避免盲目性提供了依据。这一阶段才刚刚开始，已可看出我国混交林的研究从总体上正在向世界先进水平靠拢。代表性的研究成果主要有杨树刺槐混交林、松栎混交林、杉桤混交林和落叶松水曲柳混交林的研究等。例如，在杨树刺槐混交林研究中，发现两树种在氮、磷营养关系和氮、钾营养关系方面的特异性与互补性；杨树刺槐混交林、落叶松水曲柳混交林都从分泌物中提取、分离和鉴定出多种化学物质，并初步揭示了几类物质的生化作用。

4.3　人工纯林的危害

河南省 98% 的乔木林为单一品种的纯林，人工林中，98% 为针叶或者阔叶纯林。纯林生态系统结构和功能比较简单，易导致生物多样

性降低、病虫害蔓延、林地地力衰退、林分不能维持持续生产力及功能低下等危害。

4.3.1 纯林不被天敌生物喜欢,容易诱发病虫害

在自然生态系统中,物种之间是相生相克的,形成了吃与被吃的“食物链”或者“食物网”关系。由于纯林只是考虑了“人”这个单一物种的需要,并没有考虑到益鸟、益兽、益虫对食物和生境的需求,因此天敌不喜欢光顾,极易爆发病虫害。目前,全国松毛虫发生面积每年高达5 000 万亩以上,损失木材量达 1 000 万 m^3,经济损失高达 100 亿元以上。河南省每年也有大面积的松毛虫和松材线虫发生。由于大面积营造单一杨树纯林,出现对美国白蛾、天牛等虫害防治困难,很多人工林被害虫啃食得千疮百孔,甚至全军覆灭。虫害被称为无烟的“森林火灾”,河南省近年连续出现“夏树冬景”现象就是美国白蛾危害导致的。

4.3.2 元素正常循环中断,地力衰退严重

天然森林不需要人类打药和施肥,就能够生机勃勃地生存下去,其机制是生态系统具有元素循环的重要功能,物种越丰富,元素循环就越彻底。在这些物种中,有的专门制造肥料,如具固氮作用的豆科植物等;有些专门负责将动植物的尸体或碎屑还原成肥料,如各种微生物和线虫等;丰富大量的植物则将更多的太阳能固定下来,合成其他生物需要的食物。这样一个生态系统是具有很强的生命力的,对土壤具有很好的养护作用。而一旦种植纯林,上述功能就不能正常实现了,而使地力逐步衰退。人工纯林造成地力下降明显,已在杉木、桉树、柳杉及落叶松人工林里表现出来。杉木人工林由于土壤肥力下降,生产力一代不如一代,二代和三代 20 年内每公顷人工林损失蓄积量就达 30 ~ 45 m^3。在花岗岩发育的土壤上,营造人工纯林造成的地力衰退情况更为严重。

4.3.3 生物多样性下降,易受外界环境波动的影响

天然森林的植被是复杂而多样化的,一个山坡上可能分布多种森

林植被类型，无论出现干旱天气或者阴湿天气，甚至虫灾或者火灾，物种之间具备的相互补偿、相互依存的巨大作用能够抵挡这些不良环境压力。任何一片森林都是多树种混交，群落分乔木、灌木、草本和地被4个层次。这种环境为多种生物提供了栖息地，也使森林具有涵养水源等多种功能。但单一树种或少数几个树种的大面积人工林，由于生物多样性严重下降，林区的生态环境恶化，森林各种功能与生产力得不到充分发挥，森林的适应能力和稳定性就大大降低了。对于水土保持、水源涵养和保护生物多样性具有特殊意义的山地和丘陵，营造最多的恰恰是生态效益差的人工针叶纯林。研究表明，保护土壤不受侵蚀不能单靠树木本身，而应该更多地依赖于林下的枯枝落叶层、腐殖质层以及低矮的下木灌草或苔藓层的立体庇护。在坡地上，单纯的林木不足以有效防止表土的流失。近半个世纪以来，我国每消失1亩天然林，就会有2~3亩人工林取而代之。久而久之，形成了“南演杉家浜，北唱杨家将，东北漫山遍野落叶松”的人工纯林一统天下的格局。1987年大兴安岭火灾，在采伐清理火烧木之后开展人工更新。若干年后科研人员发现，人工更新的落叶林反而不如没花钱天然更新的落叶松林长得好。大兴安岭林业经营的特点是天然更新，人工抚育。林冠下平均每公顷有幼树幼苗9 000株左右。在火烧迹地上，如果在1~2年内遇到种子年，即便所有的幼树幼苗均被烧死亦可得到良好的天然更新。

4.4 营造混交林的目的和意义

培育混交林能够降低由于纯林而导致的生物多样性降低、病虫害蔓延、林地地力衰退、林分不能维持持续生产力及功能低下等问题。结构合理的混交林有以下优点和作用。

4.4.1 可较充分利用光能和地力

具有不同生物学特性的树种适当混交，能够比较充分地利用空间。如耐阴性（喜光或耐阴）、根型（深根型与浅根型、吸收根密集型和吸收根分散型）、生长特点（速生与慢生、前期生长型与全期生长型）以及嗜肥型（喜氮、喜磷、喜钾，吸收利用的时间性）等不同的树种混交在一

起，可以占有较大空间，有利于各树种分别在不同时期和不同层次范围内利用光能、水分及各种营养物质，对提高林地生产力有着重要作用。如混交林中树种对光照条件要求不一，林冠合理分层，喜光树种居于上层，得到充分光能，而居于中下层的耐阴树种在中等光照条件下，仍有较高的光合作用效能。因此，混交林能够较有效地利用光能，提高林分生物量的积累。混交林的根系发达，分布合理，可充分利用土壤养分。据北京林业大学在北京西山油松元宝槭混交林的调查，22～29 年生林分中，油松的主根深达 2.3 m，吸收根群主要分布在 40 cm 以下土层中，深度均大于元宝槭。油松的细根量以 10～20 cm 土层中为最多，元宝槭细根量则以 0～10 cm 土层中为最多。

4.4.2 可较好改善林地的立地条件

不同树种的合理混交能够较大地改善林地的立地条件。主要表现在两个方面：一是混交林所形成的复杂林分结构，有利于改善林地小气候（光、热、水、气等），使树木生长的环境条件得到较大改善；二是混交林可增加营养物质的储备及提高养分循环速度，使林地土壤地力得到维持和改良。森林地力的自我维护和提高主要取决于林分枯枝落叶的数量、质量及其分解速率。针叶树的落叶分解缓慢，以致在 A0 层积累，并形成酸性的粗腐殖质，这是针叶纯林地力容易衰退的原因之一。阔叶树（尤其是固氮树种）与针叶树混交，不仅能够使林分总的落叶量增加，养分回归量增大，而且还可大大加快枯落物的分解速度，加快林分的养分积累和循环，提高土壤养分有效化，这对林分维持持续生产力有很大意义。

4.4.3 促进林木生长，增加林地生物产量和林产品种类，维持和提高林地生产力

因混交林大多立体利用光能，所以总光合产量和生物量提高。如河南省林业科学研究院调查发现，成熟的加杨刺槐混交林中加杨生物量为 71.84 t，刺槐为 90.69 t，合计 162.53 t，为杨树纯林 88.80 t 的 1.83 倍。林地生物量不仅反映了其生产能力，而且与对森林碳汇的贡

献紧密相关。据相关报道，在46种组合的混交林中，以松树为主的11种、以杉木为主的9种、以阔叶树为主的25种，其木材单位面积产量，均比纯林高出20%以上，多的可达100%～200%。

有报道表明，混交林中目的树种由于有伴生树种辅助，主要树种的主干生长通直圆满，自然整枝良好，干材质量亦较优。由于混交林由多个树种组成，林产品种类多，产品生产周期也有长有短，不仅可以使林分实现以短养长，而且也可在许多情况下提高林分的经济价值。如豫南成功的杉木檫木混交林，杉木约20年便能收获，而檫木作为珍贵阔叶用材树种，要培育成大径材需更长的时间，前期檫木辅助杉木生长，而到后期杉木的采伐又为檫木生长扩展了营养空间，最后，混交林总的经济收入要大得多。欧洲提倡营造针叶树和栎类混交林也源于以短养长的经营理念。

4.4.4 可较好地发挥林地的生态效益和社会效益

目前，森林的涵养水源、保育土壤、净化大气环境、积累营养物质、保护生物多样性、固碳释氧等生态效益被提到了空前的高度，而混交林在这些方面的效益尤为显著。混交林的林冠结构复杂、层次较多，拦截雨量能力大于纯林，对有害风风速的减缓作用也较强。林下枯枝落叶层和腐殖质较纯林厚，林地土壤质地疏松，持水能力与透水性较强，加上不同树种的根系相互交错，分布较深，提高了土壤的孔隙度，加大了降水向深土层的渗入量，因此减少了地表径流和表土的流失。据商城水土保持站的观测，1985年汛期大别山26°南坡、林龄9～11年、郁闭度0.76的100 m^2人工马尾松麻栎混交林的径流量、径流深和侵蚀模数分别为2.98 m^3、29.8 mm和362.1 t/km^2，条件相同的人工马尾松纯林分别是它们的2.08倍、2.08倍和5.14倍。在一次降水4.5 h、降水量115.9 mm的条件下，混交林径流系数为20%，纯林是其2倍（径流系数越大，水土流失越严重）。湖南农业大学和中国科学院的研究小组2005年研究表明，22年生杉木火力楠混交林系统的总碳贮量达到186.88 t/hm^2，比火力楠纯林和杉木纯林分别提高9.7%和10.5%，混交林在碳汇方面的意义可见一斑。

混交林可以较好地维持和提高林地生物多样性。由于混交林有类似天然林的复杂结构，为多种生物创造了良好的繁衍、栖息和生存的条件，从总体来说林地的生物多样性得到了维持和提高。国外研究表明，混交林可增加土壤软体动物的数量。而国内几乎所有有关混交林土壤微生物的研究都发现其种类、数量和活性大大超过纯林。

配置合理的混交林还可增强森林的美学价值、游憩价值、保健功能等，使林分发挥更好的社会效益。如豫西山区大面积混交栽植五角枫（三角枫）油松混交、山杏山桃油松（侧柏）混交，使春季粉绿相间，秋季红绿相间，给人以生机勃勃、春意盎然的清新和美感。

4.4.5 可增强林木的抗逆性

由多树种组成的混交林系统，食物链较长，营养结构多样，有利于各种鸟兽栖息和寄生性菌类繁殖，使众多的生物种类相互制约，因而可以控制病虫害的大量发生，实现害虫的可持续控制。山东烟台市昆嵛山林场，面积近 4 000 hm^2，75% 为赤松纯林。自 1954 年开始成为松毛虫常灾区，平均每年治虫用药 12 110 kg，但年年治虫，年年成灾。20 世纪 70 年代初林场进行林分改造和封山育林，逐渐形成 251 种木本植物的混交林，16 年来再没使用过农药，保持有虫不成灾，年均每株仅有虫 1 头左右。2008 年河北农业大学的研究表明，混交林对油松毛虫种群之间的基因流有阻断作用。

混交林的林冠层次多，枝叶互相交错，而且根系较纯林发达，深浅搭配，所以抗风和抗雪能力较强。在广东沿海，常有大风危害，一些桉树纯林易遭风折，而桉树与相思混交，可减免风害。在河南省南方一些高山区，杉木纯林的顶梢易遭雪折，而杉木与柳杉或马尾松混交，可极大地减轻雪折率。混交林还有利于减轻林火的发生率和危险程度。

4.5 河南省混交林营造中存在的一些问题

为了维护和改进林地生产力，保护和发展生物多样性，保证森林稳产高效，应大力提倡发展混交林的培育，并从宣传认识上、生产管理上、科学技术上多做工作，以促使其实现。但提倡混交林也不应绝对化，客观上仍旧存在着在某些地区及立地上，对某些林种或树种，在一定的年龄范围内，适宜以纯林方式进行培育经营。森林培育中存在的一些矛盾和问题，可以通过许多方法和途径去解决，培育混交林只是重要途径之一。当前对发展混交林培育已经有了更大的需求动力，也有了更多的知识积累，可以提出有较坚实科学基础的可供推广的混交类型和方法，但也存在一些问题。

4.5.1　限制混交林发展的种种因素依然存在

培育混交林的成本高、难度大，对一些混交类型认识上的局限性以及成效的不确定性等因素限制着混交林的发展。这就要求科技工作者更广泛深入地开展试验研究，特别是在摸清树种间错综复杂的相互关系机制，以及在不同立地条件下混交树种在整个培育周期内的相互关系发展规律等方面要下功夫，以便把混交林培育置于更可靠的科学基础上，同时提出更切合地区条件及培育目标的实用可行的混交林培育技术方案。

4.5.2　在混交林营造中要注重“人天混”

过去由于受学科分割的影响，把“造林”与“经营”割裂开来，把混交林培育完全纳入人工造林的范畴之内，这是不适当的。随着森林培育学的学科概念和范畴的确定，以及把人工林培育和天然林培育纳入到同一个学科轨道上来统筹安排，混交林培育也应从单纯的人工造林框架中解放出来。在造林工作中，充分利用天然植被成分，这在传统的经典林业中也早有考虑，苏联的局部造林方式（廊状造林、块状密集造林等）就是这方面的范例。“人天混”本不是什么新概念，在今天我们不能仅仅停留在“人天混”的简单实践之上，而要充分依靠对树种间相互关系的深刻认识和科学预测，运用人工培育（有时可能用的是全新的树种）技术和自然力作用的密切协调，把从原有天然植被留存的及林下可能预期天然更新的植株也包括在内，按生长发育阶段统一形成合理的林分结构，最终达到定向培育的目标。林农复合经营中的间作

套种等立体种植方式及多种林农作物循环轮作等运行方式是混交林培育的另一重要分支。天然次生林改造及低价值人工林改造中的造林措施也是充分运用混交林培育技术的重要领域。

4.6 混交林营造

4.6.1 混交林和纯林的适用原则

培育混交林还是纯林是一个比较复杂的问题，因为它不但要遵循生物学、生态学规律，而且要受立地条件和培育目标等的制约。可根据下列原则决定营造纯林还是混交林：

(1)培育防护林、风景游憩林等生态公益林，强调最大限度地发挥林分的防护作用和观赏价值，并追求林分的自然化培育以增强其稳定性，应培育混交林。培育速生丰产用材林、短轮伐期工业用材林及经济林等商品林，为使其早期成材，或增加结实面积，便于经营管理，可营造纯林。

(2)造林地区和造林地立地条件极端严酷或特殊(如严寒、盐碱、水湿、贫瘠、干旱等)，一般仅有少数适应性强的造林先锋树种可以生存，在这种情况下，只能营造纯林。除此以外的立地条件都可以营造混交林。

(3)天然林中树种一般较为丰富，层次复杂，应按照近自然理论培育混交林。而人工林根据培育目标可以营造混交林，也可营造纯林。

(4)生产中、小径级木材，培育周期短或较短，可营造纯林；反之，为生产中、大径级木材或培育珍贵用材树种，则需营造混交林，以充分利用种间良好关系，持续地稳定林分的结构及其培育生长，并实现以短养长。

(5)现时单一林产品销路通畅，并预测一个时期内社会对该林产品的需求量不可能发生变化时，应营造纯林，以便快速向市场提供大量林产品。但如对市场把握不准，则混交林更易于适应市场变化。

(6)营造混交林的经验不足，大面积发展可能造成严重不良后果时，可先营造纯林，待有一定把握之后再营造混交林。

4.6.2 河南省主要树种混交类型

4.6.2.1 混交林中的树种分类

混交林中的树种,依其所起的作用可分为主要树种、伴生树种和灌木树种3类。主要树种是人们培育的目的树种,防护效能好,经济价值高,或风景价值高,在混交林中数量最多,是优势树种。同一混交林内主要树种数量有时是1个,有时是2~3个。伴生树种是在一定时期与主要树种相伴而生,并为其生长创造有利条件的乔木树种。伴生树种是次要树种,在林内数量上一般不占优势,多为中小乔木。伴生树种主要有辅佐、护土和改良土壤等作用,同时也能配合主要树种实现林分的培育目的。灌木树种是在一定时期与主要树种生长在一起,并为其生长创造有利条件的树种。灌木树种在乔灌混交林中也是次要树种,在林内的数量依立地条件的不同不占优势或稍占优势。灌木树种的主要作用是护土和改土,同时也能配合主要树种实现林分的培育目的。

4.6.2.2 树种的混交类型

混交类型是将主要树种、伴生树种和灌木树种人为搭配而成的不同组合,通常把混交类型划分为以下几种。

(1)主要树种与主要树种混交。两种或两种以上目的树种混交,这种混交搭配组合,可以充分利用地力,同时获得多种木材,并发挥其他有益效能。种间矛盾出现的时间和激烈程度,随树种特性、生长特点等而不同。当两个主要树种都是喜光树种时,多构成单层林,种间矛盾出现得早而且尖锐,竞争进程发展迅速,调节比较困难,也容易丧失时机。当两个主要树种分别为喜光和耐阴树种时,多形成复层林,种间的有利关系持续时间长,矛盾出现得迟,且较缓和,一般只是到了人工林生长发育的后期,矛盾才有所激化,因而这种林分比较稳定,种间矛盾易于调节。由作为主要树种的多种乔木构成的搭配组合,称作乔木混交类型。采用这种混交类型,应选择良好的立地条件,以期发挥最大的生态、经济效益及其他效益,同时选定适宜的混交方法,预防种间激烈矛盾的发生。

(2)主要树种与伴生树种混交。这种树种搭配组合,林分的生产

率较高,防护效能较好,稳定性较强,林相多为复层林,主要树种居第一林层,伴生树种位于其下,组成第二林层或次主林层。主要树种与伴生树种的矛盾比较缓和,因为伴生树种大多为较耐阴的中小乔木,生长比较缓慢,一般不会对主要树种构成严重威胁,即使种间矛盾变得尖锐时,也比较容易调节。

(3)主要树种与灌木树种混交。由主要树种与灌木树种构成的搭配组合,一般称为乔灌木混交类型。混交初期,灌木可以给主要树种的生长创造各种有利条件;郁闭以后,因林冠下光照不足,灌木寿命又趋于衰老,有些便逐渐死亡,但耐阴性强的仍可继续生存。总的看来,灌木的有利作用是大的,但持续的时间不长。混交林中的灌木死亡后,可以为乔木树种腾出较大的营养空间,起到调节林分密度的作用。主要树种与灌木之间的矛盾易于调节,在主要树种生长受到妨碍时,可对灌木进行平茬,使之重新萌发。乔灌木混交类型多用于立地条件较差的地方,而且条件越差,越应适当增加灌木的比重。采用乔灌木混交类型造林,也要选择适宜的混交方法和混交比例。

(4)主要树种、伴生树种与灌木混交,可称为综合性混交类型。综合性混交类型兼有上述3种混交类型的特点,一般可用于立地条件较好的地方。通过封山育林或人工林与天然林混交(简称人天混)方式形成的混交林多为这种类型。据研究,这种类型的防护林防护效益很好。

4.6.3 混交林结构模式选定

要培育混交林首先要确定一个目标结构模式。混交林的结构可从垂直结构角度分为单层的、双层的和多层的(后两者都可称为复层的);从水平结构角度分为离散均匀的和群团状的;从年龄结构角度分为同龄的和异龄的。每一种结构形式及其组合模式(比原来的混交类型概念在含义上更为广泛)都具有深刻的生物学内涵,特别是隐含着不同的种间关系格局。确定混交林培育的目标结构模式(如同龄均匀分布的复层混交林模式或异龄群团分布的单层林模式),取决于森林培育的目标、林地立地条件及主要树种的生物生态学特性,也必须考虑未来的种间关系对于林分结构的形成和维持可能带来的影响。合理的混交林分结构模式建立在种间关系合理调控的基础之上。

4.6.4 混交树种的选择

营造混交林首先要按培育目标要求及适地适树原则选好主要树种,其次是按培育的目标结构模式要求选择混交树种,应该说这是成功的关键。选择适宜的混交树种,是发挥混交作用及调节种间关系的主要手段,对保证顺利成林、增强稳定性、实现培育目的具有重要意义。如果混交树种选择不当,有时会被主要树种从林中排挤出去,更多的可能是压抑或替代主要树种,使培育混交林的目的落空。下面介绍混交树种选择的一般原则。

(1)选择混交树种要考虑的主要问题就是与主要树种之间的种间关系性质及进程,要选择的混交树种应该与主要树种之间在生态位上尽可能互补,种间关系总体表现以互利或偏利于主要树种的模式为主,在多方面的种间相互作用中有较为明显的有利(如养分互补)作用而没有较为强烈的竞争或抑制(如生化相克)作用,而且混生树种还要能比较稳定地长期相伴,在产生矛盾时也要易于调节。

(2)要很好地利用天然植被成分(天然更新的幼树、灌木等)作为混交树种,运用人工培育技术与自然力作用的密切协调形成具有合理林分结构并能实现培育目标的混交林。如贵州农学院(现贵州大学农学院)在喀斯特石质山地采取"栽针留灌保阔"措施形成的松阔混交林及原北京市林业局在华北石质山地采取"见缝插针"方式形成的侧柏荆条混交林等的实践是值得今后混交林培育中所借鉴的。

(3)混交树种应具有较高的生态、经济和美学价值,即除辅佐、护土和改土作用外,也可以辅助主要树种实现林分的培育目的。

(4)混交树种最好具有较强的耐火和抗病虫害的特性,尤其是不应与主要树种有共同的病虫害。

(5)混交树种最好是萌芽力强、繁殖容易的树种,以利于采种育苗、造林更新,以及实施调节种间关系后仍然可以恢复成林。

需要指出的是,选择一个理想的混交树种并不是一件容易的事情,对于树种资源贫乏或发掘不够的地区难度则更大，但是决不能因此而不营造混交林。近年来，河南省各地营造混交林积累的经验很多，可以作为选择混交树种的依据。河南省目前混交效果较好的树种有：油松与侧柏、栎类（栓皮栎、辽东栎和麻栎等）、刺槐、元宝槭、椴树、桦树、胡枝子、黄栌、紫穗槐、沙棘、荆条等；侧柏与元宝槭、黄连木、臭椿、刺槐、黄栌、紫穗槐、荆条等；杨树与刺槐、紫穗槐、柠条、胡枝子等。

选择混交树种的具体做法，一般可在主要树种确定后，根据混交的目的和要求，参照现有树种混交经验和树种的生物学特性，同时借鉴天然林中树种自然搭配的规律，提出一些可能与之混交的树种，并充分考虑林地自然植被成分，分析它们与主要树种之间可能发生的关系，最后加以确定。

4.6.5 混交方法

混交方法是指参加混交的各树种在造林地上的排列形式。混交方法不同，种间关系特点和林分生长状况也不相同，因而有着深刻的生物学和经济学上的意义。

常用的混交方法有下列 7 种。

（1）星状混交。星状混交是将一树种的少量植株点状分散地与其他树种的大量植株栽种在一起的混交方法，或栽植成行内隔株（或多株）的一树种与栽植成行状、带状的其他树种相混交的方法。这种混交方法，既能满足某些喜光树种扩展树冠的要求，又能为其他树种创造良好的生长条件（适度庇荫、改良土壤等），同时还可最大限度地利用造林地上原有自然植被，种间关系比较融洽，经常可以获得较好的混交效果。目前，星状混交应用的树种有：杉木或栎类造林，零星均匀地栽植少量檫木；侧柏造林，稀疏地点缀在荆条等的天然灌木林中等。

（2）株间混交。又称行内隔株混交，是在同一种植行内隔株种植两个以上树种的混交方法。这种混交方法，不同树种间开始出现相互影响的时间较早，如果树种搭配适当，能较快地产生辅佐等作用，种间关系以有利作用为主；若树种搭配不当，种间矛盾就比较尖锐。这种混交方法，造林施工较麻烦，但对种间关系比较融洽的树种仍有一定的实用价值。一般多用于乔灌木混交类型。

(3)行间混交。又称隔行混交,是一树种的单行与另一树种的单行依次栽植的混交方法。这种混交方法,树种间的有利或有害作用一般多在人工林郁闭以后才明显出现。种间矛盾比株间混交容易调节,施工也比较简单,是常用的一种混交方法。适用于乔灌木混交类型或主伴混交类型。

(4)带状混交。带状混交是一个树种连续种植3行以上构成的"带",与另一个树种构成的"带"依次种植的混交方法。带状混交的各树种种间关系最先出现在相邻两带的边行,带内各行种间关系则出现较迟。这样可以防止在造林之初就发生一个树种被另一个树种压抑的情况,但也正因为如此,良好的混交效果一般也多出现在林分生长后期。带状混交的种间关系容易调节,栽植、管理也都较方便。适用于矛盾较大、初期生长速度悬殊的乔木树种混交,也适用于乔木与耐阴亚乔木树种混交,但可将伴生树种改栽单行。这种介于带状和行间混交之间的过渡类型,可称为行带状混交。它的优点是,保证主要树种的优势,削弱伴生树种(或主要树种)过强的竞争能力。

(5)块状混交。又叫团状混交,是将一个树种栽成一小片,与另一栽成一小片的树种依次配置的混交方法。一般分成规则的块状混交和不规则的块状混交两种。规则的块状混交,是将平坦或坡面整齐的造林地,划分为正方形或长方形的块状地,然后在每一块状地上按一定的株行距栽植同一树种,相邻的块状地栽种另一树种。块状地的面积,原则上不小于成熟林中每株林木占有的平均营养面积,一般其边长可为5~10 m。不规则的块状混交,是山地造林时,按小地形的变化,分别有间隔地成块栽植不同树种。这样既可以使不同树种混交,又能够因地制宜地安排造林树种,更好地做到适地适树。块状地的面积目前尚无严格规定,一般多主张以稍大为宜,但不能大到足以形成独立林分的程度。块状混交可以有效地利用种内和种间的有利关系,满足幼年时期喜丛生的某些针叶树种的要求,待林木长大以后,各树种均占有适当的营养空间,种间关系融洽,混交的作用明显,因此比纯林优越。

块状混交造林施工比较方便。适用于矛盾较大的主要树种与主要树种混交,幼龄纯林改造成混交林,或低价值林分改造。

(6)不规则混交。不规则混交是构成混交林的树种间没有规则的搭配方式,随机分布在林分中。这是天然混交林中树种混交最常见的方式,也是充分利用自然植被资源,利用自然力(封山育林、天然更新、人天混、次生林改造等)形成更为接近天然林的混交林林相的混交方法。如在荒山荒地、火烧迹地和采伐迹地已有部分天然更新的情况下,提倡在空地采用"见缝插针"的方式人工补充栽植部分树木,使林分向当地的地带性植被类型或顶极群落类型发展,这样形成的混交林效益好、稳定性强。随机混交方法虽然人工协调树种间关系比较困难,但因为模拟和加速天然植被演替规律,所以树种间关系一般较为协调。

(7)植生组混交。植生组混交是种植点为群状配置时,在一小块状地上密集种植同一树种,与相距较远的密集种植另一树种的小块状地相混交的方法。这种混交方法,块状地内同一树种具有群状配置的优点,块状地间距较大,种间相互作用出现很迟,且种间关系容易调节,但造林施工比较麻烦。应用不很普遍,多用于人工更新、次生林改造及治沙造林等。

4.7 混交比例

树种在混交林中所占比例的大小,直接关系到种间关系的发展趋向、林木生长状况及混交最终效益。一般在自然状态下,竞争力强的树种会随着时间的推移逐渐"战胜"竞争力弱的树种,成为混交林中的主宰,而竞争力弱的树种则处于不断被排挤、淘汰的境遇,数量越来越少,严重的可能在林中完全绝迹。竞争力强只是个体生存下来的前提,但是要成为优势树种,还要有一定的数量基础。因此,通过调节混交比例,既可防止竞争力强的树种过分排挤其他树种,又可使竞争力弱的树种保持一定数量,从而有利于形成稳定的混交林。

在确定混交林比例时,应预估林分未来树种组成比例的可能变化,注意保证主要树种始终占有优势。在一般情况下,主要树种的混交比例应大些,但速生、喜光的乔木树种,可在不降低产量的条件下,适当缩小混交比例。混交树种所占比例,应以有利于主要树种为原则,依树种、立地条件和混交方法等而不同。竞争力强的树种，混交比例不宜过大，以免压抑主要树种，反之，则可适当增加；立地条件优越的地方，混交树种所占比例不宜太大，其中伴生树种应多于灌木树种，而立地条件恶劣的地方，可以不用或少用伴生树种，而适当增加灌木树种的比重；群团状的混交方法，混交树种所占的比例大多较小，而行状或单株的混交方法，其比例通常较大。一般地说，在造林初期伴生树种或灌木树种的混交比例，应占全林总株数的25%～50%，但特殊的立地条件或个别的混交方法，混交树种的比例不在此限。

4.8　混交林树种间关系调节

营造和培育混交林的关键在于正确地处理好不同树种的种间关系，使主要树种尽可能多受益、少受害。因此，在整个育林过程中，每项技术措施的中心是兴利避害。

培育混交林前，要在慎重选择主要树种的基础上，确定合适的混交方法、混交比例和配置方式，预防种间不利作用的发生，以确保较长时间地保持有利作用。造林时，可以通过控制造林时间、造林方法、苗木年龄和株行距等措施，调节树种种间关系。为了缩小不同树种生长速度上的差异，可以错开年限，分期造林，或采用不同年龄的苗木等。近年的研究证明，生长速度相差过于悬殊的树种、耐阴性显著不同的树种，采用相隔时间或长或短的分期造林方法，常常可以收到良好的造林效果。如营造杉木、油松等喜光速生树种的混交林，可以先期以较稀的密度造林，待其形成林冠能够遮蔽地表时，再在林内栽植栎类、青冈等耐阴性树种，使这些树种得到适当庇荫，并居于林冠下层，发挥其各方面的混交效益。当两树种种间矛盾过于尖锐而又需要混交时，可引入第三个树种（缓冲树种），缓解两树种的敌对势态，或推迟其有害作用的出现时间。

在林分生长过程中，不同树种的种间关系更趋复杂，对地上和地下营养空间的争夺也日渐激烈。为了避免或消除此种竞争可能带来的不利影响，更好地发挥种间的有利作用，需要及时采取措施进行人为干涉。一般当次要树种生长速度超过主要树种，由于树高、冠幅过大造成

光照不足抑制主要树种生长时,可以采取平茬、修枝、透光伐或者生长伐等措施进行调节,也可以采用环剥、去顶、断根等方法加以处理。环剥是削弱次要树种的生长势,或使其立枯死亡的一种技术措施。这一措施不会剧烈地改变林内环境,也不会伤害主要树种。去顶是抑制次要树种的高向生长,促进冠幅增大,更好地发挥辅佐作用的一项技术措施。环剥和去顶可在全年进行。断根是截断次要树种部分根系,抑制其旺盛生长的一项技术措施,一般可在生长季中进行。另一方面,当次要树种与主要树种对土壤养分、水分竞争激烈时,可以采取施肥、灌溉、松土,以及间作等措施,以不同程度地满足树种的生态要求,推迟种间尖锐矛盾的发生时间,缓和矛盾的激烈程度。

第5章
森林抚育理论与技术

森林抚育又称林分抚育，是指从造林起到成熟龄以前的森林培育过程中，为保证幼林成活，促进林木生长，改善林木组成和品质及提高森林生产率所采取的各项措施，包括除草、松土、间作、施肥、灌溉、排水、去藤、修枝、抚育采伐、栽植下木等工作。

5.1　森林抚育的目标

改善森林的树种组成、年龄和空间结构，提高林地生产力和林木生长量，促进森林、林木生长发育，丰富生物多样性，维护森林健康，充分发挥森林多种功能，协调生态、社会、经济效益，培育健康稳定、优质高效的森林生态系统。

5.2　森林抚育方式确定原则

5.2.1　合理确定森林抚育方式

根据森林发育阶段、培育目标和森林生态系统生长发育与演替规律，按照以下原则确定森林抚育方式。

幼龄林阶段由于林木差异还不显著而难以区分个体间的优劣情况，不宜进行林木分类和分级，需要确定目的树种和培育目标；幼龄林阶段的天然林或混交林由于成分和结构复杂而适用于进行透光伐抚育，幼龄林阶段的人工同龄纯林（特别是针叶纯林）由于基本没有种间关系而适用于进行疏伐抚育，必要时进行补植。

中龄林阶段由于个体的优劣关系已经明确而适用于进行基于林木分类（或分级）的生长伐，必要时进行补植，促进形成混交林；只对遭受自然灾害显著影响的森林进行卫生伐（受害株数达到 10% 以上的林分）；条件允许时，可以采取浇水、施肥等其他抚育措施。

5.2.2　坚持森林多功能经营

依据主体功能区定位和生态区位，合理确定森林主导功能，坚持多功能经营，在充分发挥森林主导功能的同时，兼顾其他辅助功能。立足维持和提升森林生态系统的整体功能，根据立地质量、森林类型和发育阶段，采取不同的经营技术措施，组织相应经营活动，增强森林生态服务功能，同步提升木材等林产品的可持续供给能力。

5.2.3 维持和提高林地生产力

合理配置树种，科学造林整地，维持和提高林地的自肥能力。加强森林抚育和采伐利用管理，禁止全垦造林、炼山清林，避免不合理经营活动导致的林地破坏和土壤侵蚀，防止地力衰退，维持和增强林地生产力，培育高价值森林。规范低效林改造行为，禁止将天然林包括天然次生林改造为人工林。

5.2.4 保持和增强森林健康稳定

保持林地的连续覆盖，实施近自然经营，注重乡土树种培育和林木个体差异，天然更新与人为促进措施相结合，诱导培育复层异龄混交林，辅以抗逆树种补植和生物防治等措施，提高森林阻火、抗病虫害能力。

5.2.5 保护和维持生物多样性

严格执行生物多样性保护相关法律法规和技术规程，禁止超强度不合理采伐和全面割灌除草，积极保护自然演替、天然更新，特别是珍稀濒危的幼树、幼苗、灌草植物及其生存环境，保持、恢复和维持生物多样性。

5.2.6 鼓励和引导适度规模经营

重视不同利益相关者的诉求，鼓励社会公众积极参与森林经营活动，创新森林经营组织形式。保障经营主体的经营权和收益权，依法引导林地承包经营权有序流转，推动各类项目资金向新型经营主体倾斜，实施适度规模经营，提高森林经营的规模效益。

5.3　龄组和起源划分原则

5.3.1　龄组划分

依据目的树种划分龄组,河南省主要目的树种(组)龄级与龄组划分参照表5-1执行。

表5-1　河南省主要树种龄级、龄组划分

树种	起源	龄级划分	龄组划分(龄级/年限)				
			幼龄林	中龄林	近熟林	成熟林	过熟林
侧柏、桧柏、柏木	天然	20	Ⅰ~Ⅱ/1~40	Ⅲ/41~60	Ⅳ/61~80	Ⅴ~Ⅵ/81~120	Ⅶ/121以上
	人工	20	Ⅰ/1~20	Ⅱ/21~40	Ⅲ/41~60	Ⅳ/61~80	Ⅴ/81以上
落叶松	天然	20	Ⅰ~Ⅱ/1~40	Ⅲ/41~60	Ⅳ/61~80	Ⅴ~Ⅵ/81~120	Ⅶ/121以上
	人工	10	Ⅰ~Ⅱ/1~20	Ⅲ/21~30	Ⅳ/31~40	Ⅴ~Ⅵ/41~60	Ⅶ/61以上
油松、华山松、马尾松、黄山松、国外松	天然	10	Ⅰ~Ⅲ/1~30	Ⅳ~Ⅴ/31~50	Ⅵ/51~60	Ⅶ~Ⅷ/61~80	Ⅸ/81以上
	人工	10	Ⅰ~Ⅱ/1~20	Ⅲ/21~30	Ⅳ/31~40	Ⅴ~Ⅵ/41~60	Ⅶ/61以上
栎类、椴、水曲柳、胡桃楸、其他硬阔	天然	20	Ⅰ~Ⅱ/1~40	Ⅲ/41~60	Ⅳ/61~80	Ⅴ~Ⅵ/81~120	Ⅶ/121以上
	人工(萌生)	10	Ⅰ~Ⅱ/1~20	Ⅲ~Ⅳ/21~40	Ⅴ/41~50	Ⅵ~Ⅶ/51~70	Ⅷ/71以上

续表 5-1

树种	起源	龄级划分	龄组划分(龄级/年限)				
			幼龄林	中龄林	近熟林	成熟林	过熟林
桦木、榆、枫香	天然	10	Ⅰ~Ⅱ / 1~20	Ⅲ~Ⅳ / 21~40	Ⅴ / 41~50	Ⅵ~Ⅶ / 51~70	Ⅷ / 71以上
	人工(萌生)	10	Ⅰ / 1~10	Ⅱ / 11~20	Ⅲ / 21~30	Ⅳ~Ⅴ / 31~50	Ⅵ / 51以上
杨、柳、泡桐、刺槐、枫杨、软阔	天然	5	Ⅰ~Ⅱ / 1~10	Ⅲ / 11~15	Ⅳ / 16~20	Ⅴ~Ⅵ / 21~30	Ⅶ / 31以上
	人工(萌生)	5	Ⅰ / 1~5	Ⅱ / 6~10	Ⅲ / 11~15	Ⅳ~Ⅴ / 16~25	Ⅵ / 26以上
杉木、柳杉、水杉	人工	5	Ⅰ~Ⅱ / 1~10	Ⅲ~Ⅳ / 11~20	Ⅴ / 21~25	Ⅵ~Ⅶ / 26~35	Ⅷ / 36以上
毛竹、刚竹、淡竹、桂竹	人工	2	Ⅰ / 1~2	Ⅱ / 3~4	Ⅲ / 5~6	Ⅳ~Ⅴ / 7~10	Ⅵ / 11以上

5.3.2 森林类型划分

按照组成植物的种类、起源或经营方式等可以将森林划分为不同的类型。乔木林是森林经营对象的主体部分。依据乔木林组成树种的起源、经营特征和近自然程度,划分为原始林、准天然林、天然－人工混交林、人工混交异龄林、一般人工林、人工针叶纯林、速生树种人工林等7类。

(1)原始林。由天然原生树种形成,没有明显的人为活动,生态环境保存完好,树种组成和整体生态过程基本没有受到干扰。该类森林具有丰富的生物多样性、很高的保护价值和科学考察价值,应依法采取严格的保护措施。

(2)准天然林。由天然原生树种形成,有轻度到中度非计划性人类活动的痕迹和干扰影响,树种构成和生态过程偏离了自然应有的状态。该类森林自然特征明显,保护价值较高。

(3)天然-人工混交林。在组成上既有天然林又有人工林成分。包括两种形态:一种是经营性天然林,有抚育间伐、收获择伐、人工促进天然更新等营林措施,经计划性大强度利用或择伐利用后通过人工补植形成的森林,或者抚育经营的次生林;另一种是起源于人工造林,经过计划性保护和促进天然更新后形成的半天然林,或者人工林因长期放弃经营利用,大量天然更新林木进入主林层后形成的混交异龄林。

(4)人工混交异龄林。由2个以上乡土树种组成,起源于人工造林,经过各种优化林分结构和发育过程的抚育措施后形成,按择伐经营利用。该类森林经过长期的抚育活动将出现大量天然更新,后续森林可能完全由天然更新的林木组成,是一种典型的近自然林,属于模仿自然又在树种组成、生长过程和生产力等方面高于自然的一种多功能森林形态。

(5)一般人工林。包括由外来树种或乡土树种构成、按轮伐期模式经营的同龄人工针阔混交林、阔叶纯林或阔叶混交林。该类森林组成多样化,在近自然程度、生长速度和服务功能等方面差异大。林分稳定性较高,抗病虫害能力强,以皆伐、渐伐收获和人工造林更新为经营特征。

(6)人工针叶纯林。由速生针叶树种建立,起源于人工造林,按照轮伐期模式实施同龄林皆伐作业。该类森林的近自然程度和结构稳定性低于一般人工林。多数森林的初始培育目标是人工用材林,经多代连作后会造成土壤退化、生产力下降、抗病虫害能力降低。森林抚育应实施近自然改造,诱导培育结构丰富的异龄混交林。

(7)速生树种人工林。由单一的速生树种组成,以培育工业用材为首要功能目标,按短轮伐期模式实施集约经营。该类森林采用实生或非实生苗木造林,辅以多次施肥、全林割灌、使用除草剂和杀虫剂等高强度人工处理措施,促进林木高生长,实现经营目标。

5.4 抚育采伐作业原则

(1)采劣留优、采弱留壮、采密留稀、强度合理、保护幼苗幼树及兼顾林木分布均匀。

(2)抚育采伐作业要与具体的抚育采伐措施、林木分类(分级)要求相结合,避免对森林造成过度干扰。

5.5 林木分类与分级

5.5.1 林木分类

5.5.1.1 适用对象

林木分类适用于所有林分(单层同龄人工纯林也可以采用林木分级)。林木类型划分为目标树、辅助树、干扰树和其他树。

5.5.1.2 目标树

(1)选择目标树的标准。第一是目的树种,也就是幼龄林阶段确定的目的树种,目的树种一般都是乡土树种和经济价值高的树种。第二要生活力强,要求树干通直圆满,树冠大而致密,占到干高的1/3左右,最低不低于1/4。第三要干材质量好,要求树干通直,自然整枝能力强,分枝少,无弯曲或者稍微弯曲,无二分叉,至少主干8~10 m内无二分叉。第四要没有损伤,至少基部没有损伤。第五要实生起源。选择过程是不可逆的。

(2)目标树的确定。按照目标树胸径的20~25倍确定目标树间距(针叶树20倍,阔叶树25倍),每亩选择目标树15株左右,充分地释放目标树生长空间。

(3)目标树到底能够选几个树种。只要符合目标树标准的,几个树种都可以,而不是一种,栓皮栎、华山松、水曲柳、椴树、青柞槭等都可以作为目标树经营。但也不是说只要是这些树种我们都留下,一旦选定了一棵目标树,只要影响目标树树冠生长的,无论什么树种,一概伐掉;一般伐除1~2棵干扰树,最多不超过4棵。

(4)选择目标树可以根据不同的森林情况灵活掌握。对于树种价值差异不显著的天然林,可以不苛求"目的树种"而直接选择"生活力强的林木个体"作为目标树;对于人工同龄纯林可以不苛求"实生"与"萌生"的区别,按照"与周边其他相邻木相比具有最强的生活力"的原则选择目标树。

5.5.1.3 辅助树

辅助树又称"生态目标树",是有利于提高森林的生物多样性、保护珍稀濒危物种、改善森林空间结构、保护和改良土壤等功能的林木。比如,能为鸟类或其他动物提供栖息场所的林木,有鸟巢、蚁穴、蜂窝的林木,国家珍稀保护植物,针叶纯林中的阔叶更新树种以及阔叶纯林中的针叶更新树种可选择为辅助树加以保护。

5.5.1.4 干扰树

对目标树生长直接产生不利影响,或显著影响林分卫生条件,需要在近期采伐的林木。

5.5.1.5 其他树

林分中除目标树、辅助树、干扰树以外的林木。

5.5.2 林木分级

5.5.2.1 适用对象

林木分级适用于单层同龄人工纯林。林木级别分为5级。

5.5.2.2 Ⅰ级木

Ⅰ级木又称优势木,林木的直径最大,树高最高,树冠处于林冠上部,占用空间最大,受光最多,几乎不受挤压。

5.5.2.3 Ⅱ级木

Ⅱ级木又称亚优势木,直径、树高仅次于优势木,树冠稍高于林冠层的平均高度,侧方稍受挤压。

5.5.2.4 Ⅲ级木

Ⅲ级木又称中等木,直径、树高均为中等大小,树冠构成林冠主体,侧方受一定挤压。

续表 5-2

间伐方式	适用对象	适用范围
疏伐	(1)幼龄林或中龄林； (2)同龄人工纯林(包括人工林、飞播林)	(1)郁闭度 0.8 以上的中龄林和幼龄林。 (2)天然、飞播、人工直播等起源的第一个龄级，林分郁闭度 0.7 以上，林木间对光、空间等开始产生比较激烈的竞争。符合条件(2)的，可采用定株为主的疏伐。 (3)省级财政补贴森林抚育项目对新造生态林(造林后第 2 ~ 第 3 年)成活率在 85% 以上，林分密度过大时，可进行以定株抚育为主的疏伐
生长伐	(1)中龄林； (2)天然林或人工林	(1)立地条件良好、郁闭度在 0.8 以上，进行林木分类或分级后，目标树、辅助树或Ⅰ级木、Ⅱ级木株数分布均匀的林分。 (2)复层林上层郁闭度 0.7 以上，下层目的树种株数较多且分布均匀。 (3)林木胸径连年生长量显著下降，枯死木、濒死木数量超过林木总数 15% 的林分。符合条件(3)的，应与补植同时进行
卫生伐	发生检疫性林业有害生物，或遭受森林火灾、风折雪压、干旱等自然灾害危害	受害株数占林木总株数 10% 以上

表5-3　不同抚育方式适用范围

抚育方式	适用范围
补植	(1)人工林郁闭成林后的第一个龄级,目的树种、辅助树种的幼苗幼树保存率小于80%。 (2)郁闭成林后的第二个龄级及以后各龄级,郁闭度小于0.5。 (3)卫生伐后,郁闭度小于0.5的。 (4)含有大于25 m^2 林中空地的。 (5)立地条件良好、符合森林培育目标的目的树种株数少的有林地。符合条件(5)的,应结合生长伐进行补植。 (6)省级财政补贴森林抚育除符合上述条件可进行补植外,对新造生态林(造林后第2～第3年)成活率在41%～84%的可进行补植
人工促进天然更新	在封育林中,目的树种幼苗幼树株数占林分幼苗幼树总株数的50%以下,且依靠其自然生长发育难以达到成林标准的,进行人工促进天然更新
割灌除草	(1)当灌草总覆盖度达80%以上,灌木杂草高度超过目的树种幼苗幼树并对其生长造成严重影响时,进行割灌除草; (2)割灌除草必须在春夏季节作业(5、6月进行); (3)省级财政补贴森林抚育对新造生态林(造林后第2～第3年)成活率在85%以上灌草盖度80%以上的地块可进行割灌除草
人工修枝	(1)必须是用材林; (2)珍贵树种或培育大径材的目标树; (3)高大且其枝条妨碍目标树生长的其他树; (4)不单独作为中央财政补贴抚育方式
施肥	(1)降水量400 mm以上地区的人工林遭遇旱灾时,可进行浇水; (2)不单独作为中央财政补贴和省级财政补贴抚育方式
浇水	(1)在用材林的幼龄林、短周期工业原料林或者珍贵树种用材林中,可进行施肥; (2)不单独作为中央财政补贴和省级财政补贴抚育方式

5.5.7 不同抚育方式质量控制指标

不同抚育方式质量控制指标见表5-4。

表5-4 不同抚育方式质量控制指标

抚育方式	指标控制
透光伐、疏伐、生长伐	(1)林分郁闭度不低于0.6; (2)在容易遭受风倒、雪压危害的地段,或第一次抚育采伐时,郁闭度降低不超过0.2; (3)林分目的树种和辅助树种(目标树,辅助树,或Ⅰ级木、Ⅱ级木)的林木株数所占林分总株数的比例不减少; (4)林分目的树种平均胸径不低于采伐前平均胸径; (5)林木株数不少于该森林类型、生长发育阶段、立地条件的最低保留株数; (6)林木分布均匀,不造成林窗、林中空地等。对于天然林,如果出现林窗或林中空地则应进行补植
卫生伐	(1)没有受林业检疫性有害生物危害的林木; (2)蛀干类有虫株率在20%(含)以下; (3)感病指数在50(含)以下; (4)除非严重受灾,采伐后郁闭度应保持在0.5以上。采伐后郁闭度在0.5以下,或出现林窗的,应进行补植
补植	(1)与现有树种互利生长或相容生长,并且其幼树耐阴; (2)经过补植后,林分内的目的树种或目标树株数不低于每公顷450株,分布均匀,并且整个林分中没有半径大于主林层平均高1/2的林窗; (3)不损害林分中原有的幼苗幼树; (4)尽量不破坏原有的林下植被,尽可能减少对土壤的扰动; (5)补植点应配置在林窗、林中空地、林隙等处; (6)成活率应达到85%以上,3年保存率应达80%以上

续表 5-4

抚育方式	指标控制
人工促进天然更新	(1)达到天然更新中等以上等级； (2)目的树种幼苗幼树生长发育不受灌草干扰； (3)目的树种幼苗幼树占幼苗幼树总株数的 50% 以上
割灌除草	(1)影响目的树种幼苗幼树生长的杂灌杂草和藤本植物全部割除； (2)一般情况下，只需割除目的树种幼苗幼树周边 1 m 左右范围的灌木杂草，避免全面割灌除草，同时进行培埂、扩穴，以促进幼苗幼树的正常生长； (3)割灌除草应注重保护珍稀濒危树木、林窗处的幼树幼苗，以及林下有生长潜力的幼树幼苗； (4)割灌除草必须结合当地实际，综合考虑防止水土流失、促进天然更新、保护生物多样性等原则
人工修枝	(1)采取留桩法和平切法，修去枯死枝(针叶树)和树冠下部 1 ~ 2 轮活枝(阔叶树)； (2)幼龄林阶段修枝强度不超过树高的 1/3； (3)中龄林阶段修枝强度不超过树高的 1/2； (4)枝桩尽量修平，剪口不能伤害树干的韧皮部和木质部

5.5.8　野生动物保护

森林抚育活动中，应采取以下措施保护野生动物：

(1)树冠上有鸟巢的林木，应作为辅助木保留。

(2)树干上有动物巢穴、隐蔽地的林木，应作为辅助木保留。

(3)保护野生动物的栖息地和动物廊道。抚育作业设计要考虑作业次序和作业区的连接与隔离，以便在作业时野生动物有躲避场所。

5.5.9　野生植物保护

森林抚育活动中，应采取以下措施保护野生植物：

(1)国家或地方重点保护树种，或列入珍稀濒危植物名录的树种，要标记为辅助树或目标树保留。

(2)在针叶纯林中的当地乡土树种应作为辅助树保留。

(3)保留国家或地方重点保护的植物种类。

(4)保留有观赏和食用药用价值的植物。

(5)保留利用价值不大但不影响林分卫生条件和目标树生长的林木。

5.5.10 保护林沿

从路边进入林分5 m范围内属于林沿地带。紧邻道路、村庄的林沿地带原则上是不抚育的,自由生长,越密越好。保护林沿主要有三个方面的作用:一是形成一个"不透风的墙",可以避免人畜对林分的干扰;二是形成一道天然屏障,减小风速的同时也有利于保持林内的空气湿度;三是保护林内野生动物的栖息地,使林内的野生动物有安全感,不被惊吓。

5.5.11 其他保护措施

森林抚育活动中,还应采取以下措施保护生物多样性:

(1)森林抚育作业时要采取必要措施保护林下目的树种及珍贵树种幼苗、幼树。

(2)适当保留下木,凡不影响作业或目的树种幼苗、幼树生长的林下灌木不得伐除(割除)。

(3)要结合除草、修枝等抚育措施清除可燃物。

5.5.12 抚育材及抚育作业剩余物处置

进行合理分类并采取运出、平铺,或者按一定间距均匀堆放等适当方式处理。在坡度比较大的山区,可沿着等高线均匀堆放。有条件时,可将抚育作业剩余物粉碎后堆放于目标树根部鱼鳞坑中。对于抚育采伐受病虫害危害的林木、剩余物等,应当清理出林分,集中进行除害化处理。必要时,还应当对伐根(不超过10 cm)进行适当处理。

第6章 森林抚育成效监测成果

开展森林抚育成效监测与总结，研究推广不同森林类型在不同生长发育阶段的森林抚育模式，对于提高林地生产力、改善林分质量具有重要指导意义。河南省在承担2010年度中央财政补贴森林抚育项目的国有林场中开展了成效监测工作，根据不同的抚育方式设置了固定监测样地和对照监测样地，并且每年定期进行观测记录。现将具有代表性的两个树种杉木和栎类2010～2016年的胸径、树高、林分密度、材积、蓄积量变化情况作如下分析，以期指导生产实践。

6.1 研究方法

6.1.1 固定标准地设置

在全省46个国有林场内选择比较典型的固定观测标准地和对照标准地，对标准地进行调查、观测，研究各项抚育措施对林木生长发育的影响规律。河南省国有林场林分以人工林和天然次生林为主，其结构简单，多为单层同龄林。在密度过大的林分中，由于林木分化，出现部分被压木和少数虽处上层但干形不良、没有培育前途的劣质林木，致使林相杂乱、树冠拥挤，影响优良木的生长。根据上述林分特点，人工林抚育方式采用透光伐、生长伐、疏伐、卫生伐、割灌除草和人工修枝等抚育方法。保留干形通直、树冠匀称、生长良好、无病虫害的优良木。进一步调整树种组成与林分密度，使林分朝持续、稳定方向发展。在生产中，为了正确选择采伐木，保证作业质量，先为采伐木作标记，掌握以下原则：一是看树干，保证留优去劣；二是看树冠，保证郁闭度合适，不出“天窗”；三是看周围，保证保留木分布均匀，密度合理。

6.1.2 林分生长指标测定方法

(1)林木树高、胸径、郁闭度。

用胸径尺测定林木胸径，用测高器测定树高，用望点法调查林分的郁闭度。

(2)林分材积。林分平均标准木材积(V)采用平均实验形数法计算。

$$V = g_{1.3}(H+3)f_3$$

式中：$g_{1.3}$为胸高断面积；H 为树高；f_3 为平均实验形数。

6.2 结果分析

森林抚育的效果首先表现为林分密度上的变化，而密度的变化将直接影响林分胸径、林分平均高、单株材积和蓄积量等指标。

6.2.1 胸径变化分析

抚育对林分的生长影响，首先反映在密度上，而密度效应直接作用于直径。

6.2.1.1 杉木胸径变化分析

(1)不同抚育强度对杉木平均胸径的影响。

对黄柏山林场杉木林各样地研究结果表明(见表 6-1)，胸径生长对各种强度的抚育处理都有明显的反应，亦即平均胸径随林分单位面积株数减少而增大；同时表现出抚育强度愈大，林分平均胸径的年平均生长量也愈大。不同抚育强度杉木样地的胸径生长率都比对照林分大，抚育强度最大的样地 S3 比对照增长率高出 34.04%，即使抚育强度最低的 S1 样地也比对照高出 10.64%。可见，在一定密度范围内，适当增加抚育强度有利于促进胸径的生长。胸径增长的原因在于抚育间伐后，林分的密度降低，为保留木创造了更好的营养空间和光辐射、空气温度等有利于林木生长的环境条件。

表 6-1 抚育间伐对黄柏山林场杉木林分平均胸径的影响

样地号	抚育强度	平均胸径(cm)		2010～2016 年胸径生长	
		2010 年	2016 年	生长量(cm)	比对照增长率(%)
S1	弱(10%)	12.4	17.6	5.2	110.64
S2	中(20%)	12.1	18.1	6.0	127.66
S3	强(35%)	12.0	18.3	6.3	134.04
CK(对照)		9.6	14.3	4.7	100.00

分别在3个区组样地标准地内对处理时作标记的保留木进行检尺(见表6-2),以3.95%的可靠性指标,判断不同间伐强度处理对杉木胸径生长量是否有显著的影响。

表6-2　各样地平均胸径的生长量统计

样地号	抚育强度	胸径生长量 x_{ij}(cm)			T_i	x_i
S1	弱(10%)	17.6	17.5	18.1	53.2	17.73
S2	中(20%)	18	18.4	18.2	54.6	18.20
S3	强(35%)	18.3	18.2	18.6	55.1	18.37
CK(对照)		14.3	14.2	14.4	42.9	14.30

对表6-3数据进行统计计算,$F = S_b^2/S_w^2$,将F值与F_a进行比较,判断各水平间的差异是否显著(见表6-3)。

表6-3　不同间伐强度胸径生长量方差分析

差异源	自由度	离均差平方和	平均的离均差平方和	F	P－value	F_a
组间	3	22.84	7.613 33	101.511 1	0.000 314	6.591 38
组内	4	0.3	0.075			
总计	7	23.14				

F与F_a相比$F > F_a$,说明间伐强度的不同,造成了胸径生长量之间的显著差异。再用q检验2种不同间伐强度处理之间胸径生长量的差异是否显著(见表6-4)。

表6-4　各间伐强度胸径生长量平均数方差比较

处理	平均数	强度与其他相比	中度与其他相比	弱度与其他相比
强	18.37			
中	18.20	0.16		
弱	17.73	0.64	0.48	
对照	14.30	4.07	4.0	3.42

从表 6-4 可以看出:强度与弱度比较,强度与对照比较;中度与弱度比较,中度与对照比较;弱度与对照比较皆达到了显著的差异。强度与中度比较未达到显著的差异。

通过表 6-2 ~ 表 6-4 的方差分析可以看出,不同抚育间伐强度对杉木林单株胸径的影响存在显著性差异。

(2)不同年份抚育后杉木平均胸径的生长过程变化。

通过对杉木林各样地 2010 ~ 2016 年抚育间伐后平均胸径的生长过程研究表明(见表 6-5、图 6-1), 在相同间伐强度下的平均胸径生长

表 6-5　黄柏山林场杉木林分抚育间伐后平均胸径生长过程表

年份	平均胸径			
	抚育样地平均值(cm)	对照样地(CK)(cm)	差值(cm)	比对照增长率(%)
2010	12.80	9.60	3.2	33.33
2011	14.40	10.50	3.9	37.14
2012	15.20	11.20	4.0	35.71
2013	15.80	12.10	3.7	30.58
2014	16.70	12.90	3.8	29.46
2015	17.20	13.50	3.7	27.41
2016	17.90	14.30	3.6	25.17

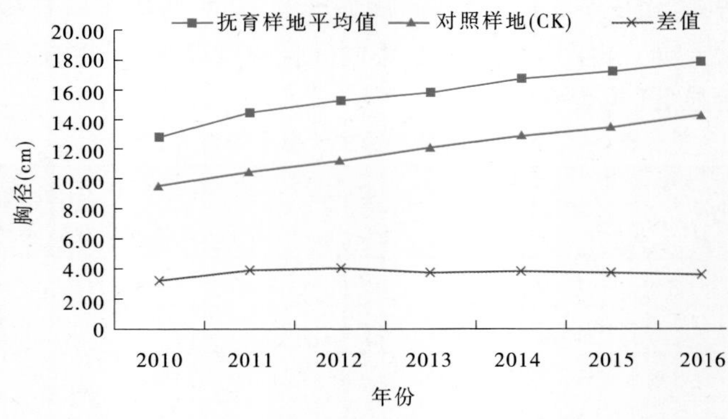

图 6-1　黄柏山林场杉木林分抚育间伐后平均胸径生长过程

随着林龄的增长而增长。不同间伐强度平均胸径的生长差异显著(见表6-1)。自间伐后的6年间,在采用生长伐措施下,胸径生长相对于对照样地(CK)的年均增长率分别为33.33%、37.14%、35.71%、30.58%、29.46%、27.41%和25.17%,差异大于47%;连年增长量的平均值分别为3.2 cm、3.9 cm、4.0 cm、3.7 cm、3.8 cm、3.7 cm和3.6 cm,差异大于25%。自2010年起,不同间伐强度下的平均胸径均有显著差异。

6.2.1.2　栎类胸径变化分析

(1)不同抚育强度对栎类平均胸径的影响。

通过对修武林场栎类林分各样地的研究(见表6-6),可以明显地看出抚育对各林分类型都表现出了与杉木抚育相同的规律。即抚育能够促进栎类林分平均胸径的增长,样地的胸径年平均生长量均随抚育强度的增大而增加。

表6-6　抚育间伐对修武林场栎类林分平均胸径的影响

样地号	抚育强度	平均胸径(cm)		2010~2016年胸径生长	
		2010年	2016年	生长量(cm)	比对照增长率(%)
L1	弱(10%)	6.12	14.2	8.08	175.65
L2	弱(15%)	7.78	14.8	7.02	152.61
L3	中(20%)	7.92	19.25	11.33	246.30
L4	中(25%)	7.7	18.73	11.03	239.78
L5	强(35%)	6.5	15.75	9.27	201.52
CK(对照)		6.9	11.5	4.6	100.00

如抚育强度最大的L5样地的胸径比对照增长率高出101.52%;中度抚育的L4样地比对照增长率高出139.78%,L3样地比对照增长率高出146.30%;弱度抚育的L2样地也比对照增长率高出52.61%。可见,在一定密度范围内,适当增加抚育强度可能有利于促进胸径的生长对于不同的林分都是适用的。对栎类来说,中度抚育间伐强度(20%)胸径增长率最明显。

(2)不同年份抚育后栎类平均胸径的生长过程变化。

通过对栎类林各样地2010～2016年抚育间伐后平均胸径的生长过程研究表明(见表6-7、图6-2),在相同间伐强度下的平均胸径生长随着林龄的增长而增长。不同间伐强度平均胸径的生长差异显著(见表6-5)。自间伐后的6年间,在采用生长伐措施下,胸径生长相对于对照样地(CK)的年均增长率分别为4.35%、4.35%、5.56%、8.00%、12.99%、16.04%和37.39%,差异大于32%;连年增长量的平均值分别为0.3 cm、0.3 cm、0.4 cm、0.6 cm、1. 0 cm、1.7 cm和4.3 cm。

表6-7　修武林场栎类林分抚育间伐后平均胸径生长过程

年份	平均胸径			
	抚育样地平均值(cm)	对照样地(CK)(cm)	差值(cm)	比对照增长率(%)
2010	7.20	6.90	0.3	4.35
2011	7.20	6.90	0.3	4.35
2012	7.60	7.20	0.4	5.56
2013	8.10	7.50	0.6	8.00
2014	8.70	7.70	1.0	12.99
2015	12.30	10.60	1.7	16.04
2016	15.75	11.50	4.3	37.39

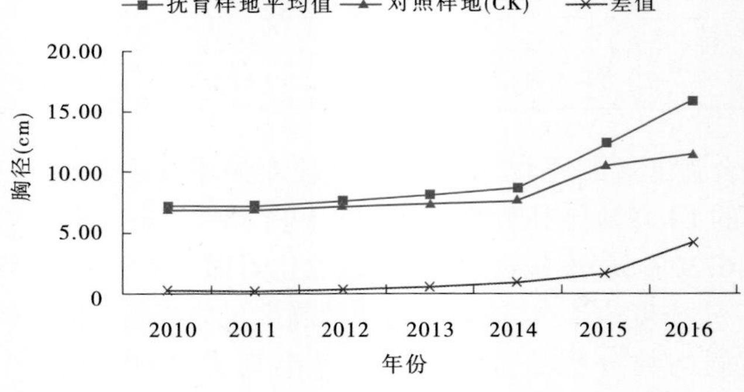

图6-2　修武林场栎类林分抚育间伐后平均胸径生长过程

自 2010 年起至 2013 年的 4 年时间内，不同间伐强度下平均胸径的差异不显著，从 2014 年以后不同间伐强度下的平均胸径开始出现显著差异。可见，在采取生长伐的栎类中龄林中，前 3 年胸径变化不明显，抚育间伐效果不显著，3 年以后胸径生长量显著增加，抚育间伐效果显著。

综合分析抚育对林分胸径生长的影响，可以认为在一定的密度范围内，在林分不同阶段选择不同的抚育强度有利于促进胸径的生长；抚育之所以能提高胸径生长量，可能主要原因是调整了林分结构，扩大了保留木的生长空间，给保留木创造了更优越的环境条件，从而促进了胸径生长。

6.2.2　树高变化分析

6.2.2.1　杉木树高变化分析

(1)不同抚育强度对杉木平均树高的影响。

对杉木林各样地研究结果可以看出(见表 6-8)，杉木抚育样地的年树高生长量都高出对照(CK)样地，抚育强度最大的 S3 样地的树高生长量比对照增长率高出 3.7%，S2 样地的增长率也比对照高出 7.41%。弱度抚育的 S1 样地的树高增长率略高于对照 7.41 个百分点。说明抚育间伐促进了杉木林分平均树高的增长，但是在中幼龄阶段的增长不显著，树高的生长主要取决于林分的立地条件。

表 6-8　抚育间伐对黄柏山林场杉木林分平均树高的影响

样地号	抚育强度	平均树高(m)		2010～2016 年树高生长	
		2010 年	2016 年	生长量(m)	比对照增长率(%)
S1	弱(10%)	7.4	10.3	2.9	107.41
S2	中(20%)	6.7	9.6	2.9	107.41
S3	强(35%)	7.3	10.1	2.8	103.70
CK(对照)		6.8	9.5	2.7	100.00

对黄柏山林场杉木林分平均树高生长数据进行方差分析，分析统

计结果见表6-9,从表6-9中可以看出,$F < F_a$,说明不同的间伐强度对树高的影响不明显,树高生长量未达到显著的差异,进一步说明抚育间伐促进了杉木林分平均树高的增长,但是在中幼龄阶段的增长不显著,树高的生长主要取决于林分的立地条件。

表6-9 不同间伐强度平均树高生长量方差分析表

差异源	自由度	离均差平方和	平均的离均差平方和	F	P - value	F_a
组间	2	0.043 33	0.021 667	2.166 67	0.261 655	9.552 094
组内	3	0.03	0.01			
总计	5	0.073 33				

(2)不同年份抚育后杉木平均树高生长过程变化。

通过对杉木林分各样地2010～2016年抚育间伐后平均树高的生长过程研究表明(见表6-10、图6-3),在相同间伐强度下,杉木的平均树高在幼龄阶段的生长并不显著,树高的生长很缓慢,到了“近自然森林”经营的竞争生长阶段。虽然高生长开始显现,但是树高生长量的差异性还是不显著。可见,杉木抚育间伐对树高影响不显著。

表6-10 黄柏山林场杉木林分抚育间伐后平均树高生长过程

年份	平均树高			
	抚育样地平均值(m)	对照样地(CK)(m)	差值(m)	比对照增长率(%)
2010	7.30	6.80	0.5	7.35
2011	7.60	7.50	0.1	1.33
2012	8.00	7.80	0.2	2.56
2013	8.40	8.10	0.3	3.70
2014	8.90	8.50	0.4	4.71
2015	9.20	8.80	0.4	4.55
2016	9.60	9.50	0.1	1.05

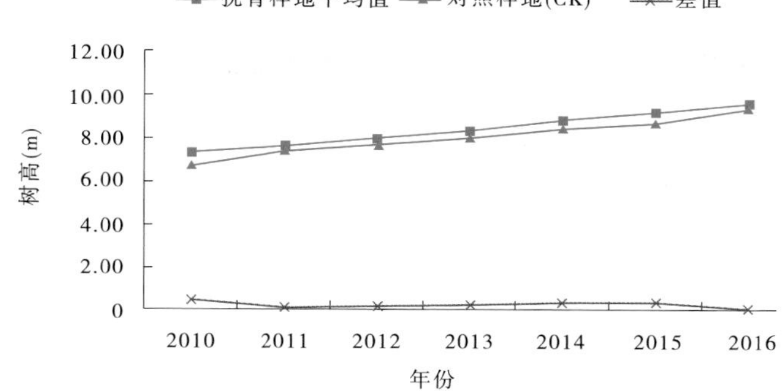

图 6-3　黄柏山林场杉木林分抚育间伐后平均树高生长过程

6.2.2.2　栎类树高变化分析

(1)不同抚育强度对栎类平均树高的影响。

对修武林场栎类林分各样地研究结果可以看出(见表 6-11),栎类抚育样地的年树高生长量都高出对照(CK)样地,抚育强度最大的 L5 样地的树高生长量比对照增长率高出 87.89%,L4 样地的树高增长率比对照样地高出 118.04%,L3 样地的树高增长率比对照样地高出 117.01%,弱度抚育的 L2 样地的树高增长率比对照样地的树高增长率高了 52.58 个百分点,L1 样地的树高增长率比对照样地的树高增长率高了 77.32 个百分点。说明抚育间伐促进了栎类林分平均树高的增长,栎类反映出来的数据不同于杉木林分。其中,中度抚育间伐强度(20%、25%)对树高影响最显著。

表 6-11　抚育间伐对修武林场栎类林分平均树高的影响

样地号	抚育强度	平均树高(m)		2010～2016 年胸径生长	
		2010 年	2016 年	生长量(m)	比对照增长率(%)
L1	弱(10%)	4.08	10.96	6.88	177.32
L2	弱(15%)	5.18	11.1	5.92	152.58
L3	中(20%)	5.28	13.7	8.42	217.01

续表 6-11

样地号	抚育强度	平均树高(m)		2010～2016 年胸径生长	
		2010 年	2016 年	生长量(m)	比对照增长率(%)
L4	中(25%)	5.14	13.6	8.46	218.04
L5	强(35%)	4.3	11.61	7.29	187.89
CK(对照)		4.7	8.58	3.88	100.00

(2)不同年份抚育后栎类平均树高生长过程变化。

通过对栎类林分各样地 2010～2016 年抚育间伐后平均树高的生长过程研究表明(见表 6-12、图 6-4),在相同间伐强度下,平均树高在幼龄阶段的生长并不显著,生长率很缓慢,但是当达到一定的抚育年限和林分密度后,由于林分在光照、水分、光合作用等方面都得到了一个极大释放,高生长开始显现出来,到了“近自然森林”经营的质量选择阶段。

表 6-12　修武林场栎类林分抚育间伐后平均树高生长过程表

年份	平均树高			
	抚育样地平均值(m)	对照样地(CK)(m)	差值(m)	比对照增长率(%)
2010	4.80	4.70	0.1	2.13
2011	4.80	4.70	0.1	2.13
2012	5.30	5.00	0.3	6.00
2013	5.80	5.30	0.5	9.43
2014	6.30	5.50	0.8	14.55
2015	8.90	6.87	2.0	29.11
2016	11.80	8.58	3.2	37.30

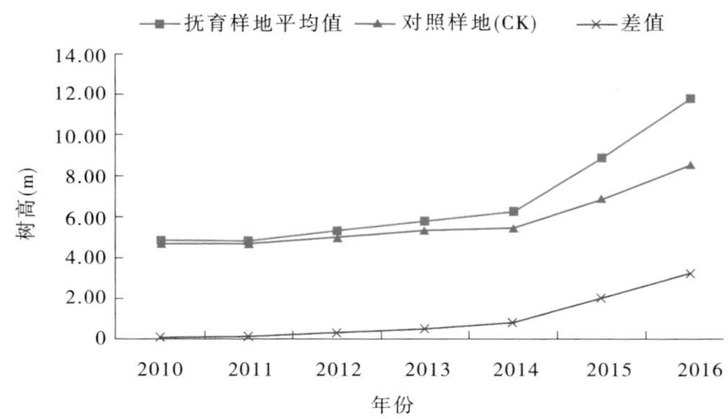

图6-4 修武林场栎类林分抚育间伐后平均树高生长过程图

综合分析抚育对林分类型树高的影响,可以认为抚育对树高的增长有明显的促进作用,并且随抚育强度的改变,树高增长率有增加的趋势。但是不同林分存在差异化表现,栎类抚育后平均树高的增长率要高于杉木抚育后平均树高的增长率。

6.2.3 材积变化分析

抚育提高了林木直径的生长,从而提高了林分材积的生长,由于抚育后大、中、小辅助林木都能得到充足的光照,特别是小径木树冠伸展,营养面积增加,因而能正常生长,尽管绝对生长量小,但生长率较高。

6.2.3.1 杉木材积变化分析

对杉木林分各样地材积计算表明(见表6-13),抚育能够促进林分单株材积的增长,并且随着抚育强度的增大单株材积增长率也随之增大。抚育强度最大的S3样地的单株材积生长率达到了42.39%,超出对照样地5.28个百分点;中抚育强度的S2样地的单株材积生长率为38.57%,比对照样地大1.46个百分点;弱抚育强度的S1样地的生长率最大,达到了62.24%,超出对照样地25.13个百分点。

表 6-13　抚育间伐对黄柏山林场杉木林分材积变化表

样地号	抚育强度	2010 年材积（m^3）	2016 年材积（m^3）	增长量（m^3）	生长率（%）
S1	弱(10%)	9.113	14.785	5.672	62.24
S2	中(20%)	9.763	13.529	3.766	38.57
S3	强(35%)	9.205	13.107	3.902	42.39
CK(对照)		7.012	9.614	2.602	37.11

6.2.3.2　栎类材积变化分析

对栎类林分各样地材积计算表明(见表 6-14)，抚育能够促进栎类林分单株材积的增长。所有抚育样地的单株材积都高于对照样地，生长率最小的 L1 样地的生长率达到对照样地的 71.7%。强抚育强度措施下，L5 样地的材积生长率为 98.59%；中抚育强度措施下，L4 样地的材积生长率为 92.80%，L3 样地的材积生长率为 94.90%；弱抚育强度措施下，L1 样地的材积生长率为 64.73%。

表 6-14　抚育间伐对修武林场栎类林分材积变化

样地号	抚育强度	2010 年材积（m^3）	2016 年材积（m^3）	增长量（m^3）	生长率（%）
L1	弱(10%)	0.74	1.219	0.479	64.73
L2	弱(15%)	0.94	1.810	0.870	92.55
L3	中(20%)	0.96	1.871	0.911	94.90
L4	中(25%)	0.93	1.793	0.863	92.80
L5	强(35%)	0.78	1.549	0.769	98.59
CK(对照)		0.72	1.370	0.650	90.28

综合分析认为，杉木、栎类两种林分类型不同抚育强度处理均能提高林分单株材积生长率。可见，在一定密度范围内，抚育能提高林分单株材积，并随着抚育强度增大，林分单株材积生长量呈递增趋势，因为

材积大小主要由林分胸径决定，胸径生长量随强度增大而增大，因此材积也随抚育强度的增大而增加。这与前面对胸径的分析结果吻合。

6.2.4　蓄积量变化分析

林分单位面积的蓄积量取决于三个因子，即树高、断面积的生长量及单位面积的株数。抚育强度加大虽能提高单株材积的生长量，但单位面积株数减少，故单位面积蓄积量并不随抚育强度的加大而增加。抚育强度越大，林分蓄积量减少也越多。

6.2.4.1　杉木蓄积量变化分析

对杉木林分各样地蓄积量计算可以得到（见表6-15），2010年抚育后杉木林分类型的单位面积蓄积量与2016年相比都是增长的。在弱抚育强度措施下，S1样地2016年蓄积量相对于2010年蓄积量增长了0.306 m^3，生长率为2.18%；在中抚育强度措施下，S2样地2016年蓄积量相对于2010年蓄积量增长了0.340 m^3，生长率为2.26%；在强抚育强度措施下，S3样地2016年蓄积量相对于2010年蓄积量增长了0.382 m^3，生长率为2.76%。在一定的林分密度下，采取不同强度的抚育间伐措施伐除一部分林木，虽然在短期内减少了林分的蓄积量，但是随着经营年限的拉长，当林木胸径生长到达质量选择阶段的时候，胸径逐渐变大，蓄积量会逐步增大。

表6-15　黄柏山林场抚育后的杉木蓄积量

样地号	抚育强度	2010年蓄积量（m^3）	2016年蓄积量（m^3）	增长量（m^3）	生长率（%）
S1	弱（10%）	14.020	14.326	0.306	2.18
S2	中（20%）	15.020	15.360	0.340	2.26
S3	强（35%）	13.831	14.213	0.382	2.76
CK（对照）		13.896	14.136	0.240	1.73

6.2.4.2　栎类蓄积量变化分析

对栎类林分各样地蓄积量计算可以得到（见表6-16），其反映出来的规律与杉木林分的规律基本一致。2010 年抚育后杉木林分类型的单位面积蓄积量与 2016 年相比都是增长的。在弱抚育强度措施下，L1 样地 2016 年蓄积量相对于 2010 年蓄积量增长了 0.826 m^3，生长率为 67.15%；L2 样地 2016 年蓄积量相对于 2010 年蓄积量增长了 1.139 m^3，生长率为 72.55%。在中抚育强度措施下，L3 样地 2016 年蓄积量相对于 2010 年蓄积量增长了 1.196 m^3，生长率为 74.75%；L4 样地 2016 年蓄积量相对于 2010 年蓄积量增长了 1.115 m^3，生长率为 71.94%。在强抚育强度措施下，L5 样地 2016 年蓄积量相对于 2010 年蓄积量增长了 1.614 m^3，生长率为 123.21%。

表 6-16　修武林场抚育后的栎类蓄积量

样地号	抚育强度	2010 年蓄积量（m^3）	2016 年蓄积量（m^3）	增长量（m^3）	生长率（%）
L1	弱（10%）	1.23	2.056	0.826	67.15
L2	弱（15%）	1.57	2.709	1.139	72.55
L3	中（20%）	1.60	2.796	1.196	74.75
L4	中（25%）	1.55	2.665	1.115	71.94
L5	强（35%）	1.31	2.924	1.614	123.21
CK（对照）		1.20	2.280	1.080	90.00

通过以上结果的分析，可以认为，抚育样地的年蓄积增长量都高于对照样地。所以，在营林生产实践中应采用适宜的抚育强度，综合考虑抚育对树高、断面积生长量及单位面积株数的影响，使单株材积和单位面积蓄积量达到最佳的结合点。

综上所述，抚育间伐对杉木林和栎类林分的影响是显著的，中抚育强度对栎类和杉木林分的胸径生长量、蓄积量、材积正向影响最显著。应该根据具体的林分特点和当地的气候条件，选择适宜的抚育间伐强度，促使林分向着有利于林分生长的方向正向演替。

第7章
河南省森林抚育工作现场会纪实(2015、2016)

为全面加强森林抚育经营,提高森林质量和效益,总结经验、统一思想,进一步提升全省有森林经营任务的项目县(市、区)及国有林场决策人员的政策、理论和技术水平,推动森林抚育经营工作的可持续发展,培育健康稳定的森林生态系统,建立高素质的森林经营人才队伍,2014~2016年,河南省林业厅分别在信阳商城县、洛阳栾川县、三门峡陕州区举办了全省森林抚育工作现场会。全省18个省辖市林业局主管局长、造林科长,省直管县及有抚育任务的山区县林业局长或业务副局长、山区林场场长、厅机关有关处室负责人共600余人参加了现场会。2014年,陈传进厅长亲临现场会并做重要讲话,2015、2016年,师永全副厅长出席会议并做重要讲话。结合新修订的《森林抚育规程》要求,根据栾川县和陕州区的森林资源现状和特点,选择了11个典型类型,由省造林处副处长王新建同志进行现场点评指导,提出了建议、对策和措施。现将现场材料整理如下,供各地参考。

7.1 飞播油松纯林疏伐抚育

背景:飞播油松纯林,林龄33年,郁闭度0.8,平均胸径15.8 cm,平均树高11.0 m,平均每公顷株数1 110株,单位面积蓄积量132.8 m^3/hm^2。林下天然更新幼苗幼树主要有漆树、五角枫、白榆等,林下灌木主要有连翘等。该林分为1982年飞播营造的油松纯林,于2009年4月进行过一次透光伐抚育。该林分主要特点是:密度过大、通透性差、卫生条件差、抵御自然灾害能力弱。2015年3月进行疏伐抚育,株数强度为16%,蓄积强度为9%。采取的主要措施:伐弱留强、间密留匀,伐除病腐木,调整林分密度,改善林分卫生条件,同时保留林下天然更新阔叶幼苗幼树,优化林分结构,提高林分稳定性。间伐后林分郁闭度0.7,平均胸径16.4 cm,平均树高11.4 m,平均每公顷株数932株,单位面积蓄积量120.8 m^3/hm^2。

谢红伟:尊敬的师厅长,各位领导、专家,各位同仁,大家上午好!首先,对全省森林抚育工作现场会选择在栾川召开,表示衷心的感谢!这是对栾川林业工作的厚爱和支持,也是对栾川林业工作的激励和鞭策！其次，对各位领导、各位同仁莅临栾川，表示诚挚的欢迎！这次现场会，是我们林业工作者的一次盛会，希望各位领导、专家和同仁，不吝指教，畅所欲言，让我们认真交流，共同提高。非常荣幸，本次现场会由我向大家进行汇报，敬请批评指正。我们现在所处样地是飞播油松纯林疏伐抚育样地。飞播油松纯林，是栾川非常具有代表性的一种林分。栾川在 1978 年人工模拟飞播取得成功的基础上，从 1979 年开始，连续实施飞播造林 36 年，没有中断。飞播造林在栾川取得了突出成效，集中连片成林面积达 2 万余公顷。这种林分的突出特点是：密度过大、通透性差、卫生条件不好、抵御灾害能力弱。当前这片林区属于三川镇祖师庙村集体林，历经 1981 ~ 1983 年三次飞播形成的油松纯林，平均树龄 33 年。2009 年 4 月进行了一次疏伐抚育，今年 3 月又进行了疏伐抚育。间伐后平均每公顷株数 932 株，单位面积蓄积量 120.8 m^3/hm^2。采取的主要措施：伐弱留强、间密留匀，伐除病腐木，同时保留林下天然更新阔叶幼苗幼树。目的是调整林分密度，同时，防止林木个体分化严重，为林下更新幼苗幼树生长留足空间，以优化林分结构，提高林分稳定性。通过抚育以后，成效非常明显，不仅增加单位面积生长量，更关键的是增强了抵御自然灾害的能力。近期，栾川飞播油松林出现了中华松梢蚧、松大蚜病虫害，发生面积 433 hm^2，沿途我们看到的部分区域松林松针大面积枯黄，如同火烧，局部地区虫口密度较大，最大达 46.7 头/百束松针。病虫害发生区多位于林木郁闭度较大、林分通风透光条件较差、树势较弱的未抚育区域，绝大部分为树种单一的纯林。但据调查，抚育过的林区没有发生病虫害。

王新建：这个点我讲三点。一是油松飞播林是我省一种典型的森林类型，在我省分布面积近 6.7 万 hm^2，栾川分布近 2 万 hm^2。它的林分特点是：林分密度大、通风透光条件差、卫生条件差、土壤酸化、抵御自然灾害能力弱、天然更新能力差，极易导致水土流失、风折雪压、病虫害的发生。路上我们看到部分未抚育油松飞播林大面积感染松梢蚧，还有后面有个点落叶松纯林未抚育林分很多风折雪压木就是针叶纯林的典型危害。二是栾川油松飞播林疏伐抚育为我们针叶飞播林抚育树立了样板。咱们看这片林子，间伐强度适中，保留的Ⅰ、Ⅱ级木合适，并对保留木进行了修枝,提高了干材质量,极大地改善了林分的通风透光条件和卫生条件,为保留木提供了良好的营养空间和径生长空间,通过疏伐抚育,改善了林分的通风透光条件,为林下更新的白榆、五角枫等阔杂提供了生长条件。三是飞播纯林的演替方向问题。咱们既然知道了针叶纯林有这么多危害,那么如何减少或者是杜绝这些危害呢?就是要通过抚育间伐、修枝、割灌除草等人为措施,保护好林下更新的阔叶幼苗幼树,这就叫作人工促进天然更新,很多同志问我人工促进天然更新怎么做,就这样做。有些地方的针叶纯林天然更新能力很差怎么办?在抚育间伐的同时进行补植,通过补植乡土树种、硬质阔叶树种来促使其向针阔混交林转化。在这里同时我想强调一下怎么补植。在大家的印象中补植一定是按照株行距进行补植。中国林科院森林抚育经营首席专家陆元昌老师在去年全国的森林抚育培训班上讲到,补植一定要采取群团状进行。什么叫作群团状补植?就是 5 ~7 棵一个团,每亩地补植 5 ~7 个群,重点补植在林窗、林隙、林中空地上。为什么要这样补植?目的就是方便在抚育间伐时,容易选择采伐木的倒向,不至于伤害到次林层和林下更新幼苗幼树。

图 7-1　未抚育的油松纯林由于密度大、抵御自然灾害能力弱,导致松梢蚧泛滥

图7-2　抚育后的油松纯林，通风透光条件改善，但林内更新极差

图7-3　飞播油松纯林抚育专家点评现场

图 7-4　飞播油松纯林疏伐抚育展板

7.2　飞播油松与天然栎类混交林生长伐抚育

背景:油松与栎类针阔混交林,平均年龄 27 年,油松起源为飞播,栎类起源为天然,树种组成:6 松 4 栎,郁闭度 0.9,平均胸径 8.7 cm,平均树高 7.9 m,平均每公顷株数 6 489 株,单位面积蓄积量 84.5 m^3/hm^2。林下天然更新幼苗幼树主要有栓皮栎、油松,林下灌木主要为连翘等,草本主要为蒿类等。该林分主要特点是:林分密度大,通风透光条件差,林木自然分化强烈。2015 年 3 月进行了生长伐抚育,株数强度为 32%,蓄积强度为 26%。采取的主要措施:伐除影响目标树生长的干扰木、濒死木、弯曲木及多枝多节等生长不良的林木和密集林木,对目标树进行修枝,对保留幼苗幼树周围 1 m 范围内割灌除草。间伐后林分郁闭度 0.7,平均胸径 9.4 cm,平均树高 8.6 m,平均每公顷株数 1 808株,单位面积蓄积量 62.4 m^3/hm^2。

谢红伟:以栎类为主的针阔混交林是栾川又一个较为典型林分,这种林分在栾川有 1.3 万余 hm^2。其中针叶林基本为飞播或人工栽植,

栎类以天然更新为主。针阔混交林是我们森林经营的发展方向，这类林分稳定性强，抗病虫害等自然灾害能力也强。就栾川来说，现有这类林分的主要特点就是贴近自然生长，林分自然分化强烈，密度过大，通风透光条件极差。抚育采取的主要措施是生长伐，伐除影响目标树生长的干扰木、濒死木、弯曲木及霸王木等生长不良的林木和密集林木，改善林内卫生环境，保留合理密度，辅以对目标树进行修枝，对保留幼苗幼树周围1 m 范围内进行割灌除草。经过抚育的样地，采伐株数强度32%，蓄积强度26%，采伐后，平均每公顷株数1 808 株，单位面积蓄积量62.4 m^3/hm^2。通过抚育，有效改善林分通风透光条件，可有效促进林分健康生长和正向演替。

王新建：这个点是一个典型的由针叶纯林向针阔混交林演替的森林类型。咱们可以看到，无论是主林层、次林层，还是林下更新层都有栎类，足以证明栎类在幼苗期是一个耐阴树种，在油松纯林中的天然更新能力还是很强的，同时，栎类具有从幼苗期到生长到主林层的基本耐阴能力。

这个点我想说一个问题就是，针叶纯林和针阔混交林在腐殖质层方面的区别。好的土壤只能看到新鲜落叶，基本看不到老叶。土壤主要包括腐殖质层、矿物质层、母岩层。这个林分腐殖质层可以说分解得还不错，未分解层、半分解层、分解层层次清晰，未分解层只能看到新的落叶，老的落叶基本分解。土壤肥力主要靠腐殖质层的分解，林木根系从腐殖质层中吸收氮、磷、钾等矿质元素，这种混交林分应该说腐殖质分解良好，说明土壤发育良好，有利于树木吸收养分，加速生长。而刚才的油松纯林，只能看到裸露的岩石和未分解的松针，有两年甚至四五年的松针还没有分解，因为松针含有大量的蜡质和单宁，不易分解，所以针叶纯林土壤肥力差。

这个点邻路，紧挨庄稼地，所以这个点我想说说保护林沿的重要性。从路边进入林分5 m 范围内属于林沿地带。林沿地带原则上是不抚育的，自由生长，越密越好。保护林沿主要有三个方面的作用：一是形成一道“不透风的墙”，避免人畜对林分的干扰；二是形成一道天然屏障,降低风速,同时也有利于保持林内的空气湿度;三是保护林内野生动物的栖息地,使林内的野生动物有安全感,不被惊吓。

图 7-5　集体林分,紧邻农田村庄,保护林沿很关键

图 7-6　林下更新丰富,抚育后保护良好

图 7-7　专家点评

图 7-8　腐殖质层发育良好，林木须根发达，涵养水源效果好

7.3 栎类天然次生林疏伐抚育

背景:栎类天然次生纯林疏伐抚育(庙子镇庄子村),林龄27年,郁闭度0.8,平均胸径12.0 cm,平均树高9.6 m,平均每公顷株数1 470株,单位面积蓄积量72.5 m^3/hm^2。该林分主要特点是:栎类天然次生萌蘖林,萌条多,长势弱,通透性差。2015年3月进行了以定株抚育为主的疏伐,株数采伐强度为33%,蓄积采伐强度为8%。采取的主要措施:把生长不良的萌条、弯曲木、多杈木伐除,间密留匀,同时保留天然更新珍贵树种的幼苗幼树,并对保留木进行修枝抚育。抚育后林分郁闭度0.6,平均胸径13.1 cm,平均树高10.4 m,平均每公顷株数981株,单位面积蓄积量66.7 m^3/hm^2。

谢红伟:天然栎类次生林是栾川最具有代表性的一种森林类型,这种森林类型,在栾川有8万余hm^2,多属于群营林,都是由于20世纪70、80年代过度采伐形成的。这类林分的主要特点是天然次生萌蘖林,萌条多,长势弱,通透性差。抚育采取的主要措施是间株定株,把生长不良的萌条、弯曲木、断头木、多杈木伐除,间密留匀,同时保留天然更新幼苗幼树,并对保留木进行修枝。间株定株的原则是每一丛只留1株,我们追求的是有效的生长量。以前,我们在栎类的经营上十分粗放,主要是作为薪炭材和食用菌培植材。但从目前看,国内外大径级橡木价格异常昂贵,市场前景看好,我们将结合森林抚育工程的实施,有针对性地培育、建设一批栎类大径级用材林基地。

刚才有同志问对面山坡上身穿红马甲的人在林子里是干啥的,就是这个标段森林抚育工程施工队伍在施工作业。下面,我也借此机会,把栾川森林抚育工程实施的办法给大家做简要汇报。为确保森林抚育工程健康顺利实施,也为林业职工自身安全考虑,我县森林抚育工程全部采取招投标机制,由专业队来进行施工。根据省厅批复作业方案,将全县抚育工程划分为若干标段,进行公开招标;招标结束后,分批次对涉及乡镇负责人、监理人员、中标单位负责人、技术人员及施工队伍进

行岗前技术培训,做到持证上岗;对于工程施工,严格监理负责制,我们与省规划院签订协议,由院监理所下设监理公司对工程建设进行全程监理,监理公司对工程建设进度、质量及安全事项负全责;规范施工队伍建设,对所有参与施工人员,统一配备标志服,穿红色马甲印有“栾川抚育”字样的就是施工队人员,印有“监理”字样灰色服装的是工程监理人员和技术人员。统一服装的目的,一是便于管理,二是起到较好的宣传效果,也有效杜绝借抚育之机乱砍滥伐现象发生。此外,我们还为每位施工人员办理一份大额人身意外伤害保险,确保了施工人员权益。

王新建:天然栎类次生林是我省很具有代表性的一种森林类型,在我省分布面积广,大约有 80 万 hm^2。这种林分的特点及采取的主要抚育措施刚才谢局长已经介绍了,这个点我就不再多说。如果这种林分中有针叶或者阔杂类天然更新幼苗,我们一定要保护好,促使其形成混交林,以提高林分和立地质量。我们看,这种林分中栎类更新幼苗幼树很多,也有针叶更新,咱们看坡上面有一棵油松已经进入了主林层,还有一棵稍小点,有 1.5 m 左右,这些更新的幼苗幼树一定要保护好。对于针叶纯林中的阔叶更新或者是阔叶纯林中的针叶更新,我们一定要保护好,这是生物多样性保护的关键。刚才谢局长讲了栎类经营培育大径材的意见,我觉得讲得很好。可能很多人还不知道栎类的大径材就是橡木,很多人知道橡木家具、橡木贴面板,都认为是进口的,我国没有。不过橡木大径材我国的确很少,因为没有大径材,我们目前主要从欧美国家和俄罗斯进口红橡木和白橡木,原木进口价格 8 000 元/m^3 左右,实木家具就更贵了,德国 3 棵 60 cm 左右的栎木就能换一辆宝马 5 系,可见栎木价值相当高,我们一定要加强栎类抚育经营。

图 7-9　专业施工队施工,统一着装

图 7-10　天然栎类次生林以间株、定株为主的疏伐抚育

图 7-11　专业施工队施工、技术人员跟踪服务、监理人员现场监理

图 7-12　疏伐后林分通透性显著改善

7.4　天然针阔混交林生长伐抚育

背景:天然针阔混交林生长伐抚育(国营龙峪湾林场前孤山),天然针阔混交、异龄、复层林,树种组成为4栎3阔杂2杨1松,主要包括栓皮栎、山杨、华山松,阔杂包括漆树、椴树、水曲柳、青柞槭等。郁闭度0.9,平均年龄42年,平均胸径18.7 cm,平均树高12.1 m,平均每公顷株数1 660株,单位面积蓄积量258.8 m^3/hm^2。林下天然更新幼苗幼树主要有鹅耳枥、水曲柳、青榨槭等,林下灌木主要有胡颓子、悬钩子等,林下草本主要有苔草、蒿类等。该林分主要特点是:密度相对较大,林木分化明显。2015年3月进行了生长伐,株数采伐强度为42%,蓄积采伐强度为26%,采取的主要措施:伐除影响目标树(主要包括栎类、华山松和硬质阔杂)生长的干扰木、霸王木、干形弯曲木、多杈木和过密林木,保留目标树、辅助树和其他树,辅以对目标树进行修枝,同时保护林下天然更新幼苗幼树,优化保留木和幼苗幼树生长环境,为其创造适宜的生长空间。间伐后,树种组成为5栎3阔杂2松,郁闭度0.7,平均胸径21.5 cm,平均树高13.8 m,平均每公顷株数963株,单位面积蓄积量191.5 m^3/hm^2。

谢红伟:进入林场以后,我们可以明显感受到,国营林与群营林还是有区别的,林分相对整齐,林木相对高大,林分结构也相对合理。就我们所处样地来看,上层高大乔木有栓皮栎、华山松、漆树、椴树、水曲柳等,灌木有胡颓子、悬钩子等,更新幼树有五角枫、鹅耳枥、水曲柳、青榨槭等,林下有苔草、蒿类等草本,可以说,是一个典型的天然、复层、混交、异龄林。这类林分结构是一个较为理想的森林经营类型。对于这种林分,我们抚育采取的主要措施就是按照目标树经营理念,选定目标树,然后对影响目标树(主要包括栎类、华山松和硬质阔杂)生长的干扰木、霸王木、干形弯曲木、多杈木和过密林木进行采伐,保留目标树、辅助树和其他树,辅以对目标树进行修枝,同时保护林下天然更新幼苗幼树,优化保留木和幼苗幼树生长环境,为其创造适宜的生长空间,强化其天然更新的能力。这个样地采伐株数强度为42%,蓄积采伐强度

为26%，平均每公顷保留株数963株，单位面积蓄积量191.5 m^3/hm^2。从伐桩大家可以看出，单位面积蓄积下降不少，这主要是原有林分中大量山杨，由于其没有发展前景，而且影响到目标树生长，全部予以采伐。

王新建：这个点我想多讲点。刚才谢局长介绍了这个点的特点，天然、复层、混交、异龄，树种复杂，更新多样。这是天然林中最具有代表性的森林类型，是由亚顶级群落向顶级群落演替的一个关键阶段。

这个点我想重点讲一下目标树经营。

第一我讲讲怎样选择目标树。目标树首先得是目的树种，也就是我们幼龄林阶段确定的目的树种。目的树种一般都是乡土树种、经济价值高的树种。像这种天然、复层、异龄、混交林分就不必考虑是否为目的树种。其次要生活力强。生活力强就是要树干通直圆满，树冠大而致密，树冠占到干高的1/3左右，最低不低于1/4。再次要干材质量好。要求一要树干通直圆满；二要自然整枝能力强，分枝少；三要无弯曲，或者稍微弯曲；四要无二分叉，或者至少主干8～10 m内无二分叉。然后要没有损伤，至少基部没有损伤。最后要实生起源。

第二我讲讲如何确定目标树。1亩地目标树确定多少株为宜？两个要点：一是按照目标树胸径的20～25倍确定目标树间距，针叶树由于树冠相对较小，按照20倍确定目标树，阔叶树由于树冠相对较大，按照25倍确定目标树。二是每亩选择目标树10株以上，最多不超过20株，目的是充分释放目标树生长空间。

第三我讲讲目标树到底能够选几个树种。只要符合目标树标准的，几个树种都可以，而不是一种。这个林分像栓皮栎、华山松、水曲柳、椴树、青柞槭等都可以作为目标树经营。但也不是说只要是这些树种我们都留下，一旦选定了一颗目标树，只要影响目标树生长的，无论什么树种，一概伐掉。一般选定一棵目标树，伐除1～2棵干扰树。像这个林分中的山杨，它是建群的先锋树种，在这个阶段已经完成了它的使命，成为霸王木，严重影响目标树生长，所以应该伐掉。

第四我讲讲修枝。无论是生长伐还是疏伐，不是所有的保留木都需要修枝，而是仅针对目标树进行修枝，主要目的是提高干材质量，储备更多的特级材和一级材。像华山松我们进行适当修枝后，这些结疤会形成活结,过几年就被包进主干材中了,形成美丽的纹理。如果不修枝,就变成了死结,严重影响干材纹理。

第五咱们看看这个林分的土壤。只有新的落叶,没有老的落叶。土壤发育很好,和林分间形成了一种良性的循环。

图 7-13　天然针阔混交林生长伐抚育

图 7-14　林下天然更新幼苗幼树保护

图 7-15　抚育剩余物堆放整齐，学员认真听讲

7.5　落叶松近熟林生长伐抚育

背景：人工日本落叶松纯林，林龄 36 年，郁闭度 0.9，平均胸径 26.0 cm，平均树高 28.1 m，平均株数 750 株/hm^2，单位面积蓄积量 447.5 m^3/hm^2。林下天然更新幼苗幼树主要有绿叶甘橿、漆树、水曲柳，林下灌木主要为接骨木等，林下草本主要为蒿类、禾本科草类。该林分为 20 世纪 70 年代末 80 年代初营造的日本落叶松纯林，其间分别于 2006 年和 2012 年进行了 2 次割灌抚育。该林分主要特点是：现在到了近熟林阶段，林分密度相对较大，影响了林木的径向生长，同时林内有不少天然更新的硬质阔叶幼苗幼树。2015 年 3 月进行了以调整林分密度和树种组成、促进保留木径向生长的疏伐抚育，株数强度为 25%，蓄积强度为 11%，采取的主要措施为：伐除林内处于被压状态的林木和密集林木，保留林冠下漆树、甘橿等阔叶幼树，同时对幼苗幼树周围 1 m 范围内进行割灌除草，促进阔叶幼树生长，调整针阔比例，促进近自然转化，优化林分结构，提高林分抗性。间伐后，林分平均胸径

为 28.2 cm,平均树高为 29.8 m,平均每公顷株数 563 株,每公顷蓄积量 397.5 m^3/hm^2。

谢红伟:目前我们看到的人工日本落叶松近熟林的抚育。这片林子是 1978 ~1981 年采伐更新时,由林场职工自己栽植的日本落叶松纯林,其间分别于 2006 年和 2012 年进行了 2 次割灌抚育。经监测,栾川非常适宜日本落叶松的生长,其生长速度是其原产地日本本州岛的 1.29 倍。但我们也看到,由于幼林、中林时期,抚育欠账较多,林子密度过大,树冠尖削厉害,严重影响林木径向生长,同时,部分林木长势较弱,部分树干弯曲严重,难以成材。也正是基于这种情况,我们对人工近熟林进行尝试性抚育。采取的主要措施:伐除林内处于被压状态的林木、密集林木和弯曲林木,保留林冠下漆树、甘橿等阔叶幼树,同时对幼苗幼树周围 1 m 范围内进行割灌除草,促进阔叶幼树生长,调整针阔比例,促进近自然转化,优化林分结构,提高林分抗性。株数强度为 25%,蓄积强度为 11%,采伐后平均每公顷株数 563 株,单位面积蓄积量 397.5 m^3/hm^2。从现状来看,感觉采伐强度还是有点小。

王新建:这个点想告诉大家的就是近熟林也需要抚育。落叶松的主伐年龄是 45 年,主伐高度是 30 m,现在已经 36 年,高度 28 m 多。也就是说,这个林分的高生长已经基本停止,但是由于林分密度过大,中幼龄期抚育欠账太多,这个时候胸径生长量也很小了,如果这个时候进行生长伐抚育,每亩保留 20 株左右,一是能够促进保留木的胸径生长量,提高林分蓄积量,二是能够为林下更新层提供良好的通风透光条件,促进林下更新层幼苗幼树生长,到落叶松达到目标直径时,更新层已经进入了次林层或主林层,从而达到森林的永续利用。这儿我们可以看到林下更新的幼苗幼树很丰富,除了展板上看到的,我们沿路还能看到水曲柳、刺楸、青榨槭等。

图 7-16　落叶松纯林生长伐抚育现场

图 7-17　栾川县林业局局长谢红伟现场介绍

图 7-18　日本落叶松纯林展板

图 7-19　原造林处处长朱延林做现场总结

7.6 栓皮栎直播幼龄林定株抚育

背景:店子乡陈家原村 F1 小班,面积 13.66 hm^2(205 亩),海拔 680~749 m,坡向东北,坡位中上,褐土,土壤厚度 20 cm。林权属陈家原村集体。之前为荒山,后栽植侧柏,因土层瘠薄,周边牛羊危害严重,保存率较差,后于 2005 年进行栓皮栎直播造林。栎类直播林,幼龄林,林龄 11 年,树种组成 10 栎,平均树高 4.1 m,平均胸径 4.8 cm,亩株(丛)数 200 株左右。

杨贞伟(陕州区林业局局长):2005 年秋冬季直播造林,因每穴株数较多,2011 年进行一次定株抚育,每穴保留 1~3 株。随着树木的生长,林分郁闭度大,通风透光条件差,影响林木正常生长。当前对该林分实施以定株抚育为主的疏伐措施,并采取人工修枝等方式,使林内通风透光条件得到改善,促进了枯枝落叶的分解,增加了土壤有机质含量,加快林木健康生长。

王新建:首先我把我省栎类资源的现状给大家简单介绍一下。我省栎类资源非常丰富,有 80 多万 hm^2,并且绝大多数为中幼龄林,占到全省森林资源总面积(5 386 万亩)的将近 1/4,可以说栎类是河南第一大树种。我们国家顶级森林抚育专家陆元昌,全国每年森林抚育培训都由他来主讲,他这样对栎类资源进行评价:“如果我国把栎类资源抚育经营搞好了,我们国家的林业就富有了。现在我国林业占全国 GDP 的 3% 左右,如果把栎类资源抚育经营好了,那么林业将占到全国 GDP 的 10% 左右,要增加七个百分点。”再一个是栎类的售价,栎类在国际上称橡木,现在我们国家没有大径材橡木,都是中幼龄林,橡木从国际上进口主要是从北美、欧洲、俄罗斯这几个地方,主要进口白橡和红橡,一般是做实木家具贴面板,目前进口的栎木胸径 60 cm 粗的价格为 1.2 万/m^3 左右,40 cm 粗的 8 000 元/m^3 左右,价格相当昂贵,关键是我们没有大径材。今天我们重点看栎类,6 个点中有 4 个点都有栎类,现在看到的这个点是栎类定株抚育,也是疏伐抚育的一种,这个林分定株抚育总体来看还是比较彻底的,基本上是留了一个通直圆满的主干,但是周边还有两个头的,那边还有留了三个头的,实际上定株抚育就是保留一个主干粗壮、通直圆满的,把其他的去掉,这是幼龄林阶段定株抚育,一定要彻底,只保留一个粗壮圆满的主干,这个点是实生苗,很多地方像南阳、洛阳都是萌生株,都是经过多次的砍伐之后的萌生株,都是五六个、七八个头,每一次我们去看的时候,再三强调保留一个头,但是群营林这块都做得不是太好。我们今天在这再次强调,统一标准。所有的栎类的幼龄林定株抚育一定要确保一个通直圆满的主干,目的是这一个根系供给这一个主干的营养,加速主干的生长;或者一个穴供给一个根系生长。其他树种的定株抚育也一样,定株抚育一定要彻底。栎类幼龄林就是定株抚育,栎类这个阶段以后,它就进入了高度生长阶段,在高生长阶段怎么抚育?原则上要保证一定的密度,减少侧枝生长,促使其高竞相生长,等树高达到 20 m 以上,龄林 30 年左右的时候,栎类的高生长就基本结束了,这个时候再进行生长伐抚育。栎类定株抚育后到生长到 30 年之间不再进行抚育,保证一定的密度,是为了促使它们竞相高生长,减少侧枝,保证它有通直良好的干材。在这里我介绍了一个幼龄林阶段、一个高生长阶段,下面我给大家介绍一下所有林分生长发育的五个阶段。这个在森林抚育技术规程里面都有,大家下去后可以好好看看。第一个阶段:幼龄林阶段,从造林、抚育、管护到幼龄郁闭;第二个阶段:高生长阶段,也就是树高竞争生长阶段;第三个阶段:生长分化阶段,高生长进入一定的时候,形成明显的主林层以后,一部分竞争不过主林层的树木开始死亡,林下开始出现一些更新,这就是生长分化阶段;第四个阶段:近自然林阶段,指的是一些林下的更新进入主林层,与原有造林树种形成混交林分;第五个阶段:恒续林阶段,我们选定的一些目标树达到了质量成熟,有大量的结实,并且可以自我进行林下更新,目标树达到目标直径,可以进行主伐利用。这就是林分生长发育的五个阶段。大家千万记住,所有的林分在高生长阶段,一定要保证它有一定的密度,保证密度是为了它有良好的干形,特别是阔叶树种,在高生长阶段如果疏伐得比较稀的话,主干上侧枝会很快长起来,影响干材质量,如果有比较粗壮的侧枝的话,干材质量肯定会明显下降,导致干材出现很多结疤。我们的目标是将来要出更多的特级材和一级材。

这个点我就讲这么多。

图 7-20　抚育间伐前照片

图 7-21　抚育间伐后照片

图 7-22　展板介绍

图 7-23　林业厅师永全副厅长、造林处汪万森处长亲临现场

7.7　华山松油松针叶混交林生长伐抚育

背景:窑店林场 23 林班 1 小班,面积 19.78 hm^2(296 亩),海拔 1 200～1 320 m,坡向东,中下坡位,棕壤,土层厚度 50 cm,林权属窑店林场国有。之前为苗圃地,20 世纪 80 年代人工栽植油松、华山松。这个现场的华山松、油松混交林,起源为人工林,林龄 30 年,针叶林,树种

组成10松，平均树高15.8 m，平均胸径22.4 cm，每公顷株数735株，每公顷蓄积184.65 m^3，林下更新树种有漆树、榆树、椋子木、栾树等。

杨贞伟：这个现场是1986年进行的人工造林，前期进行过割灌除草，后期抚育措施不到位，林分密度过大，林内卫生条件较差，郁闭度达到0.8以上，林木生长量下降。当前对该林分实施生长伐抚育措施，并采取修枝，伐前每公顷株数735株，采伐株树强度22.5%，采伐蓄积强度7.1%以上，保留株数每公顷570株，伐后平均胸径24.6 cm，每公顷蓄积171.1 m^3，保护好林下天然更新的幼苗幼树。

王新建：这个现场的华山松和油松混交林已将近30年了，人工林的龄级是10年，已经进入近熟林，森林抚育规程要求是中幼龄林，中幼龄林不包括近熟林，陆元昌老师对近熟林的林分有它的定义，他说林分的划分不一定要以主林层为主，还可以考虑次林层，考虑林下更新来看它到底划分到哪个阶段。避开规程上的一些东西，这种林分我们认为它是有必要抚育的。它的林分密度大，次林层和林下更新层很难进入主林层，这个时候进行生长伐是非常有必要的。生长伐对近熟林来说，目的是延长它的轮伐期，增加抚育次数，延长轮伐期的目的是提高目标树的目标直径，比如油松的轮伐期是40年或者45年，这个时候我们选定目标树后，我们以前是45 cm采伐，现在我们通过延长轮伐期争取达到60 cm再采伐，提高一级和特级材的出材量。

这个林分是一个典型的生长伐。选择目标树，伐除干扰树，保护生态目标树以及其他树，对林下更新进行保护，这是生长伐的技术要点。

下面首先讲一下目标树的选择，目标树的选择有三个标准：第一个标准是树冠大而致密，树冠大而致密是充分进行光合作用制造营养物质供胸径生长的关键因素。选择树冠大而致密的目标树，树冠大到哪种程度？应该大到树冠占整个干高1/3，最低不能低于1/4，这是一个硬性指标。第二个标准是树干通直而圆满，或者略微有些弯曲，如果树干上有大量的侧枝，特别是针叶树，如果有成钝角的侧枝，这种侧枝对干材质量的影响是非常大的；第三个标准是树干不能有损伤，或者它的基部不能有损伤，基部有损伤之后，微生物、蚂蚁等很快往树干里钻，导致空心材甚至死亡。选择目标树的标准，必须按这个顺序选，不能倒过来选。其次选择目标树以后,下一步就是看这棵目标树周围有没有干扰树,干扰树的选择主要是看干扰树树冠对目标树树冠垂直和水平两个方向的生长是否有影响,是否影响目标树形成自由树冠。如果有了,伐除1~2棵目标树,最多不能超过4棵。然后选择下一棵目标树。这就是选择目标树,伐除干扰树。每亩选择多少棵目标树合适呢?针叶林一亩地保留15棵左右目标树,但是这个林分不是最后只有15棵树,还有生态目标树和其他木,所以这个林分将来它会有三四十、四五十棵树,这一亩地就是这个情况,这是选择目标树。阔叶林树冠比较大,针叶林树冠比较窄,阔叶林在中龄林以后一般选择10棵左右的目标树,针叶林选15~20棵目标树,因为这个林分是近熟林,所以我认为它选15棵就已经不错了。

目标树、干扰树、辅助树、其他木,这是单株目标树经营体系也就是生长伐中需要考虑的四个树种。选择目标树、干扰树以后,就该选择辅助树了。什么叫辅助树?辅助树又叫生态目标树。生态目标树主要有三个类型:第一类,树上有鸟巢、蚁穴、蜂窝的树,有鸟巢的树会通过鸟类的传播种子带来林下更新,有蚁穴的树会通过蚂蚁加速地下腐殖质的分解,有蜂窝的树会通过蜜蜂采蜜加速花粉间的交配,形成杂交品种;第二类,林下如果有濒危、珍稀物种,这是需要我们保护的;第三类,针叶纯林里的阔叶更新或者阔叶纯林中的针叶更新,我们一定要将它保护下来。像这个林分里的阔叶树更新,一定要保护好,作为针叶林将来抚育经营的最终目的,它的演替方向,就是要促使针叶纯林向针阔混交林演替。这个林分我们看,它的次林层基本没有东西,除了主林层,因为它以前密度太大,次林层都长不上来,现在它通风透光条件改善以后,林下更新非常丰富,很多挂牌的幼苗、幼树,通过选择目标树、伐除干扰树以后,通风透光条件改善了,很多的林下更新的阔叶树种都会慢慢进入主林层,形成混交林,就是刚才我说的,达到第四个阶段,近自然林阶段,形成混交林。这个时候,林下更新的幼苗、幼树,我们怎么保护?这就是我要说的割灌除草。现在很多地方都问我,割灌除草适合什么林分、什么树种,怎样进行割灌除草?现在给大家讲一下割灌除草。割灌除草就是通过割灌、割草、砍藤等措施对林下更新的幼苗、幼树进行保护，促使其生长起来。先说适用条件，灌木、杂草的高度超过幼苗、幼树，并对其高生长造成影响的，灌草盖度大于80%的，我们才进行割灌除草。我们割灌除草的时候重点是保护林下更新的幼苗幼树，我们只对它半径1 m范围内的灌木杂草进行割除。设计割灌除草的林分要严格禁止全面清林、全面割灌除草。咱们很多地方割灌除草都是全面清林，全面清林的结果是什么？所有的林下更新的幼苗幼树都被砍掉了，对生物多样性造成了极大的破坏，还会导致水土流失，所以割灌除草一定要看它的适用条件，怎么去割，大家一定要把握好。

图7-24　抚育间伐前照片

图7-25　抚育间伐后照片

图 7-26　展板介绍

图 7-27　专家点评

图 7-28　林下更新幼苗幼树

7.8　栎类天然次生林透光伐抚育

背景：窑店林场 22 林班 1 小班，面积 20.93 hm^2（314 亩），海拔 1 160～1 340 m，坡向东南，中下坡位，棕壤，土层厚度 50 cm，林权属窑店林场国有。前期是栎类有林地，1991 年对栎类进行皆伐作业，次年栽植落叶松纯林，2000 年后，落叶松逐渐死亡退出，栎类萌生林生长起来。栎类硬阔类混交天然次生林,林龄20年,幼龄林,树种组成为7栎2阔1松,主要有栓皮栎、槲栎、漆树、栾树、落叶松等,平均树高10.4 m,平均胸径10.3 cm,每公顷株数1 935株,每公顷蓄积77.7 m^3,林下更新树种有栎类、椋子木、漆树等。

杨贞伟:这个现场是阔叶混交树种的天然次生林,林分密度大,透光条件差,郁闭度在0.8以上,上层林木严重遮阴,影响到下层林木正常生长发育。当前对该林分实施透光伐抚育措施,伐除上层的干扰木,伐前每公顷株数1 935株,采伐株树强度20.9%,采伐蓄积强度9.7%,每公顷保留株数1 530株,伐后平均胸径11.0 cm,每公顷蓄积70.2 m^3,保护好林下天然更新的幼苗幼树。

王新建:咱们今天第一个点看的是疏伐中的定株抚育,第二个点看的是生长伐,第三个点看的是透光伐。大家在做作业设计和实地踏查的时候,有很多人在问我,什么林分适用什么抚育间伐方式有点拿不准。现在我把四种抚育间伐方式的适用条件给大家讲一下。疏伐主要适用于同龄人工纯林,幼龄林、中龄林只要是同龄人工纯林,都适用于疏伐。生长伐适用于所有林分的中龄林,只要是中龄林以上的林分,都可以采取目标树经营体系,选择目标树,伐除干扰树,就是生长伐。同龄人工纯林也适用生长伐,只要选择目标树的,都适用生长伐。透光伐适用于幼龄林阶段的天然林和混交林。卫生伐适用于遭受自然灾害株数达到10%以上的林分。比如说,遭受病虫害、火灾、风折、雪压株数在10%以上的林分。

刚才杨局长介绍这个林分以前是栎类的采伐迹地,他们栽植了落叶松,随后连续两年对栎类进行除萌,目的是确保落叶松长起来。但是后来栎类萌芽没有再抚育,栎类萌芽长起来以后,油松已经逐渐淡出这个群落了。在这里我说一下树种之间的竞争关系,主要是解释为什么落叶松竞争不过栎类。树种之间的竞争关系主要分为五种:第一种就是典型先锋树种,比如说桦木、山杨这些都是典型的先锋树种,寿命很短,20~30年就死亡了,它们自我更新的能力也非常差,但是它们属于困难地造林的典型先锋树种。第二种就是长寿命先锋树种,比如说马

尾松、油松、落叶松、火炬松、湿地松，这些都属于长寿命先锋树种，它们寿命长，但是林下更新困难，很难形成稳定的群落。第三种就是机会树种，伴生树种，它总会在一些林分里面有个三五棵、十棵八棵，比如说在这里的山樱桃，咱们去年在黄柏山看到的枫香，它不会形成一个典型大规模的群落，只能三五株伴生在一个群落里面，这里分布的漆树、栾树都是一二株、三五株，它不会形成一个群落，这就是伴生树种。第四种是亚顶级群落树种，它能够很好地自我天然更新，也能够形成一个稳定的群落，但是它遇到顶级树种的时候就会逐渐退出。第五种是顶级群落树种，顶级群落树种它能够形成单优的一个群落，自身一个种就能够形成一个很稳定的群落，顶级群落树种能够自我形成由主林层、次林层、林下更新层组成的异龄混交林，这就是顶级群落树种。栎类在全国都被纳入顶级群落的树种，不管从南到北、从东到西，它都是个顶级群落的树种。所以，落叶松作为长寿命先锋树种，当它遇到顶级群落树种的时候肯定竞争不过顶级群落树种，最终的命运就是逐渐退出这个群落，所以这就是落叶松逐渐死亡的原因。现在再讲一下这个林分怎么经营。它属于栎类的幼龄林，萌生的幼龄林抚育间伐方式就是定株抚育。咱们看这个林分，定株抚育效果不是很明显，特别像这一棵，有三棵头，完全可以保留一个主干通直圆满的，去掉另外两个。这个林分中有很多的栎类实生更新。实生更新和萌生有什么区别？因为实生是种子直接萌发的，所以它长出来就是通直往上的，从基部往上就是通直的，而萌生一般就是从基部侧芽萌发出来的，所以有明显的一个侧弯。这就是实生和萌生的区别。像这种林分里面如果有实生株，无论它在主林层、次林层、林下更新层，咱们一定要给它保护好，因为实生株生活力强、寿命长，萌生林的根系有可能都几百年了，都成一个兜了，生活力和生长势肯定不如实生株。所以，这个林分要重点保护的、将来选择作为目标树的主要是实生株，最终目标把这个林分经营成栎类异龄混交林。这个地方就讲这么多。

图 7-29　抚育间伐后照片

图 7-30　抚育间伐前照片

图 7-31　展板介绍

图 7-32　陕州区林业局局长杨贞伟现场介绍

7.9　栎类天然次生林生长伐兼补植抚育

背景:窑店林场 13 林班 1 小班,面积 20.93 hm^2(314 亩),海拔 1 160 ~ 1 340 m,坡向东南,中下坡位,棕壤,土层厚度 50 cm,林权属窑店林场国有。前期为栎类天然林,生长状况良好,20 世纪 80 年代进行过间伐。至今未再进行过其他经营措施。栎类硬阔类混交天然次生林,林龄 45 年,中龄林,树种组成为 8 栎 2 阔,树种主要有栓皮栎、槲栎、栾树等,平均树高 12.4 m,平均胸径 20.9 cm,每公顷株树 705 株,每公顷蓄积 177.3 m^3,林下更新树种有栎类等。

杨贞伟:这个林分是栎类和硬阔混交的天然次生林,林分密度大,透光条件差,郁闭度在 0.8 以上,林木连年生长量下降。当前对该林分实施生长伐抚育,保留目标树和辅助树,伐除干扰树,伐前每公顷株数 705 株,采伐株树强度为 31.9%,采伐蓄积强度为 13.7%,每公顷保留株数 480 株,伐后每公顷蓄积 153 m^3,保护好林下更新的幼苗幼树。

王新建:大家刚才过来看到的地方,沿线山坡上有大量的工人正在现地施工,上午咱们经过的时候,也有很多人在施工,现在正是抚育的关键季节,希望大家向他们多学习,回去后抓紧行动起来。去年在栾川召开了森林抚育现场会,咱们看到栾川抚育施工人员统一穿黄色马夹,不同的工种穿不同的服装,技术人员有技术人员的服装,监理人员有监理人员的服装,可以说咱们窑店林场在这方面学以致用,学习了以后,立马进行了改善,也穿上了黄色马夹,也希望统一服装成为咱们全省森林抚育的一个标准。刚才咱们上来的时候看到沿线有些坡比较陡的地方,特别是对面那个坡,刚才师厅长说了,像这样坡度在五六十度的情况下再去抚育没有什么实际意义,而且会破坏地表植被,导致水土流失。所以这种坡度咱们不建议去抚育。

下面咱们说这个林分,这个林分是栎类的次生林,45 年了,天然栎类 40 年一个龄级,已进入中龄林了。他们 20 世纪 80 年代进行了一次抚育间伐,也就是说,他们这个林分当时的抚育间伐,应该说导致了它

的郁闭度下降，林分密度降低，所以这个林分目前来讲没有很理想的干形。大家看这个次生林枝下高一般也就是4～5 m，我们要求的栎类经营目标将来树高达到20 m，枝下高达到15 m左右，所以这个林分我认为属于主林层退化的森林。这里我讲讲主林层的分类，一般分成四类：第一类是由乡土阔叶树种组成的混交林或者纯林；第二类是由针叶和阔叶形成的针阔混交林；第三类是针叶纯林；第四类就是主林层退化的森林。对于主林层退化的林分，我们经营的原则是，优先选实生株，它已经进入生长伐的阶段，进入中龄林。咱们看这里面还是有实生株的，我刚才看那一棵应该是实生株，这个林分林下更新的实生株进入了主林层，在这种林分中我们一定要保护好实生株，同时大刀阔斧抚育退化的林分。像这种林分，我的想法，特别是部分单株长成了霸王树，树冠特别大，主干低，影响其他优势木的生长，这种个体一定要将它伐掉，大刀阔斧地伐。伐了以后，郁闭度会降低比较大，降低0.3、0.4。咱们技术规程要求不能超过0.2，但这种林分主林层降低0.3、0.4，它不会影响次林层，咱们郁闭度不仅算主林层，还要算次林层，所以还是符合规程的，大刀阔斧地伐了以后，这个林分的郁闭度会降到0.5左右。这个时候我们的抚育经营措施就是：一要保护林下更新，二要在林隙、林窗、林中空地中进行补植。这个林分就是个补植的林分，可以看到周边有补植的油松还有栎类。

下面我再讲一下补植。这个地方补植的树种，油松和栎类大家看是否合适，咱们从树种间的竞争关系来看，油松属于长寿命先锋树种，栎类属于顶级群落树种。长寿命先锋树种和顶级群落树种在一起补植的话，它将来肯定要退出这个群落，这在前面介绍树种间竞争关系时已经讲过，所以这个地方补植油松是不科学的。在这个顶级群落的树种里补植，只能补植顶级群落的树种，不能补植亚顶级群落的树种，更不能补植长寿命树种或者造林先锋树种。这里只能补植顶级群落树种，就是说这里只能补植栎类，所以说这里补植的树种选择是有问题的，这是其一；其二，怎么补植？补植规程上要求群团状补植，就是一亩地补植六七个群团，一个团补植三到五棵，不要采取株行距补植，不要根据一行一行等高线补植,而要采取群团状补植。采取群团状补植的目的是,三五棵一个团,将来总有一到两棵会成林,长大以后,我们再进行定株抚育,留一棵就行了。还有我们为什么要采取群团状补植,目的就是在我们进行采伐的时候,容易选择采伐木的倒向,不至于砸伤林下更新层。如果沿等高线一行一行补的话,采伐木一倒,肯定会把大面积的林下更新的苗木砸伤或者砸死,所以补植要采取群团状补植。

对这个林分我还想说一点,咱们刚才从下边上来的时候,看到有很多枯立木和枯倒木被采伐作为抚育剩余物堆放在一起,枯立木和枯倒木都给清理了。一般来说,好的林分要保留10%～15%的枯立木和枯倒木。枯立木和枯倒木不是病腐木,它没有什么病虫害的危害影响,枯立木和枯倒木会吸引大量的真菌和微生物进入到里面,加速木质素的分解,形成好的腐殖质层,所以说它是这个林分中不可或缺的组成部分。

图7-33 抚育间伐前照片

图 7-34　抚育间伐后照片

图 7-35　展板介绍

图 7-36　林业厅师永全副厅长与陕州区副区长现场交流抚育工作

7.10　油松生长伐抚育

背景:窑店林场 7 林班 12 小班,面积 20.35 hm^2(305 亩),海拔 1 140 ~ 1 320 m,西坡,上坡,棕壤,土层厚度 40 cm,林权属窑店林场国有。前期为荒山荒地,20 世纪 80 年代后期进行人工栽植油松,经过(前期三年五次)人工抚育后未再进行抚育管理。油松人工林,林龄 30 年,中龄林,树种组成为 8 松 2 阔,主要有油松、华山松、栾树等,平均树高 14.3 m,平均胸径 19.1 cm,每公顷株树 765 株,每公顷蓄积 127.65 m^3,林下更新树种有漆树、栎类、栾树等。

杨贞伟:这是 1990 年以前人工造林地,后期抚育措施不到位,林分密度过大,林内卫生条件较差,郁闭度达到 0.8 以上,林木生长量下降。当前对该林分实施生长伐抚育,并对目标树进行修枝,伐前每公顷株数 765 株,采伐株数强度为 21.6%,采伐蓄积强度为 9.9%,每公顷保留株数 600 株,伐后平均胸径 20.1 cm,每公顷蓄积 117.3 m^3,保护好林下更新的幼苗幼树。

王新建:这个点从总体上来看,仍然是个油松和华山松混交林,林龄与第二个点都一样，都是30年。但是看它的生长势、它的粗度，很明显不如第二个现场那个林分。在这个点，看华山松的表现，很明显优于油松的表现，再一个这个点也是生长伐，第二个点也是生长伐，那个点最后保留株数是38棵，那个点整个生长伐的效果还是不错的，但是这个点的生长伐的目的就不是很明确，特别是在选择目标树方面。目标树选择不是太明确，如果要是选择最粗的这棵华山松为目标树的话，这个华山松应该在10 m左右有个二分叉，原则上在8 m以上的二分叉都可以留下来，可以作为目标树进行经营，8 m以下的二分叉这种树一般不作为目标树。这一块华山松的长势明显比油松的长势好。选择油松目标树非常不明确，特别看下边那一片有五六棵，选择中间那一棵树干通直圆满的、树冠最大的，那么它两边两棵树的树冠肯定会影响它，会导致目标树偏冠，这样的树就是干扰树，我们就给它伐掉。总体来说，这个点选择目标树、伐除干扰树没有做好。这个点的长势明显不如那个点，这个点坡度比较大，水土流失严重，而刚才那个点是在平地，不存在水土流失问题，林下更新的灌木杂草也比较丰富，所以这个点的生长势肯定不如刚才那个点。这个点也有更新，但是很少，只要是有林隙的地方，就有更新，看这棵漆树逐渐进入主林层了，那边有一棵山樱，为什么没伐掉？我们原则上保留在针叶纯林中的阔叶更新，它属于生态目标树，无论干形好与不好，我们都要给它保留下来。

在这个点我还想重点说的是针叶纯林的危害。在栾川开现场会的时候，我们看到油松飞播纯林有很多地方出现了松梢蚧危害，看着就跟着过火似的，非常明显，它就是油松纯林的一种典型的危害。针叶纯林到底有哪些危害呢？第一是抵御自然灾害能力下降，容易导致病虫害的大面积发生，容易导致森林火灾、水土流失、风折雪压。去年(2015年)我们在栾川看的落叶松纯林，有很多都出现了风折雪压，有些甚至被连根拔起。特别是在坡度比较大、水土流失严重的地方，我们对这种林分经营的目标一定要促使它向针阔混交林演变。只要林下有阔叶更新，我们一定要保留，尽可能创造条件让它进入次林层，进入主林层。像这个林分已经是近熟林了，我们一定要大刀阔斧地把干扰树伐掉，适当地保留目标树,为目标树生长创造自由空间,同时降低郁闭度,增加通风透光,林下更新的阔叶树自然就长起来了,长到主林层以后,与油松、华山松形成针阔混交林,那么这个林分就很稳定了。针叶纯林的另一个危害是松针很难分解,土壤腐殖质层很难形成。林木根系从土壤中吸收养分主要是依靠须根系从腐殖质层中吸收磷和钾。腐殖质层也是涵养水源的主要成分,树木主要依靠腐殖质层蓄水,减少地表径流,降低水土流失的危害。而因为松针含有大量的蜡质和单宁,非常不容易分解,3~5年的松针甚至都不会分解,很难形成腐殖质层。咱们可以用手把树下的松针扒一扒,可以看到很难有腐殖质层的黑土,都是松针。所以,这种林分在这种坡度比较陡的地方很容易导致水土流失,我们在抚育的时候,一定要保护好林下更新层的阔叶植物,无论是乔木,还是灌木杂草,都要保护下来。因为阔叶树木的落叶含有大量的氮类物质,可以加速松针的分解,促使形成好的腐殖质层。

图7-37　抚育间伐前照片

图 7-38　抚育间伐后照片

图 7-39　油松生长伐抚育现场

7.11　人工松栎混交中龄林生长伐抚育

背景:窑店林场 7 林班 2 小班,面积 20.19 hm^2(302 亩),海拔 1 160 ~ 1 280 m,坡向西北,坡位中下,棕壤,土层厚度 50 cm,林权属窑店林场国有。20 世纪 80 年代中期栽植油松,成活率较差,后进行栎类直播以期形成针阔混交。1990 ~ 1995 年,栎类生长起来以后,其枝叶郁闭影响油松生长,油松逐渐退出林分。

杨贞伟:这是栎类实生林,林分内分布有硬阔类天然林和少量油松,林龄 35 年,中龄林,树种组成为 7 栎 2 阔 1 松,树种主要有栓皮栎、槲栎、油松、栾树、五倍子等,平均树高 11.4 m,平均胸径 19.1 cm,每公顷株数 795 株,每公顷蓄积 158.7 m^3,林下更新树种栎类、漆树等。栎类直播林,林分密度大,透光条件比较差,郁闭度在 0.8 以上,林木连年生长量下降。当前对该林分实施生长伐抚育,保留目标树和辅助树,伐除干扰树,伐前每亩株数 56 株,采伐株树强度为 26.8%,采伐蓄积强度为 10%,每公顷保留株数 615 株,伐后平均胸径 21.4 cm,每公顷蓄积 142.95 m^3,保护好林下天然更新的幼苗幼树,促使其形成栎类异龄林。

王新建:这个点咱们看,它是先栽的油松,后点播的栎类。而到现在来看,实际上油松已逐渐退出了这个群落,上边虽然还有几棵油松,但已经都变成被压木了,其他的死株已经清理过了,估计三两年也会慢慢淡出这个群落。这个现场进一步验证了油松作为长寿命先锋树种遇到顶级群落树种的时候,是肯定竞争不过顶级群落树种的。同时咱们这个点的栎类,已经 35 年了,作为人工栽植的林分,它的龄级是 20 年一个龄级,35 年已经是中龄林了,中龄林这个时候我们应该进行生长伐,对于栎类纯林来说,就是选择目标树,伐除干扰树,保护生态目标树,保护好其他木,同时保护好林下更新层以及次林层,促使次林层进入主林层,林下更新层进入次林层,从而达到一个连续覆盖的目的。连续覆盖的概念是 2014 年我参加全国抚育现场会的时候,唐守正院士提出的。他说这个连续覆盖时我还不是很理解这个概念,他没有给我们过多解释。连续覆盖实际上就是我们选择的这一批目标树一旦到了目标直径主伐年龄的时候，就进行目标树采伐，我们把达到目标直径的目标树采伐掉以后，下一批备选木就变成了新一批目标树，新一批目标树达到目标直径之前它的次林层又进入到主林层，林下更新层又进入到次林层；这样我们下一批目标树再采伐的时候，次林层又进入到主林层，我们又可以选择目标树，林下更新层又进入到次林层，从而达到一种连续的覆盖、持续利用的目的，就叫连续覆盖。为什么最后看这个林分？实际上我想说的是作为栎类的抚育，从幼龄林阶段的定株抚育到高生长林阶段，就是上午我说的五个阶段（幼龄林阶段、高生长阶段、生长分化阶段、近自然林阶段、恒续林阶段），这个是属于第三个阶段（生长分化阶段），就是无论是幼龄林阶段的定株抚育还是高生长林阶段的不抚育，让它保证一定的密度去竞相高生长，最终的目的就是让它到中龄林（生长分化阶段）的时候形成这种林分。这个林分非常理想，它的高生长基本上停止了，平均树高 20 m，优势高达到 23 m，很多树的枝下高有 13 ~ 15 m，像这种林分是培育栎类大径材的理想林分，这种林分的培育价值是相当高的。咱们看与刚才退化的那个次生林分相比，这个林分的干材质量要比那个林分高得多。咱们回去以后做栎类抚育就要达到这样的效果。栎类林怎么经营？今天大家看了幼龄林、退化了的中龄林、幼龄林阶段的次生林、实生的中龄林四个类型，最终就是要达到这个目标。这个点我要强调一点保留林沿的问题。假如我们的抚育点在临路、村庄、农田这些地方，我们要保护好林沿。什么是林沿？就是从路到里面 5 m 左右的范围，要保护下来不进行抚育。目的是让杂灌、杂草和树木长在一起，形成一道天然的屏障。其作用一是形成一道天然的屏障，减少人畜的危害；二是保护林内野生小动物的栖息环境，让它们不受惊吓和干扰；三是降低风速，保护林内的小气候环境。大家以后在这些地方抚育的时候，一定要留 5 m 左右的林沿不进行抚育。

图7-40　抚育间伐前照片

图7-41　抚育间伐后照片

图 7-42　抚育现场

图 7-43　展板介绍

附　录

附录1　森林抚育规程(GB/T 15781—2015)

1　范围

本标准规定了幼中龄林抚育的对象、抚育条件、措施、方法、技术指标等基本要求。

本标准适用于全国范围内的用材林、防护林的幼中龄林抚育。

2　规范性引用文件

下列文件对于本文件的应用是必不可少的。凡是注日期的引用文件,仅注日期的版本适用于本文件。凡是不注日期的引用文件,其最新版本(包括所有的修改单)适用于本文件。

GB/T 15776　造林技术规程

GB/T 26424　森林资源规划设计调查技术规程

LY/T 1646　森林采伐作业规程

LY/T 1724　短轮伐期和速生丰产用材林采伐作业规程

3　术语和定义

下列术语和定义适用于本文件。

3.1　**森林抚育**　forest tending operations

从幼林郁闭成林到林分成熟前根据培育目标所采取的各种营林措施的总称,包括抚育采伐、补植、修枝、浇水、施肥、人工促进天然更新以及视情况进行的割灌、割藤、除草等辅助作业活动。

3.2　**目的树种**　objective tree species

适合本地立地条件、能够稳定生长、符合经营目标的树种。

3.3　**目标树**　goal tree

在目的树种中,对林分稳定性和生产力发挥重要作用的长势好、质量优、寿命长、价值高,需要长期保留直到达到目标直径方可采伐利用的林木。

3.4 **霸王树** wolf tree

位于目标树上方、树冠庞大,影响目标树正常生长,需要移除的非目的树种林木。

3.5 **抚育采伐** intermediate cutting

根据林分发育、林木竞争和自然稀疏规律及森林培育目标,适时适量伐除部分林木,调整树种组成和林分密度,优化林分结构,改善林木生长环境条件,促进保留木生长,缩短培育周期的营林措施。抚育采伐又称间伐,包括透光伐、疏伐、生长伐和卫生伐四类。

3.5.1 透光伐 release cutting

在林分郁闭后的幼龄林阶段,当目的树种林木受上层或侧方霸王树、非目的树种等压抑,高生长受到明显影响时进行的抚育采伐。

注:透光伐主要是伐除上层或侧方遮阴的劣质林木、霸王树、萌芽条、大灌木、蔓藤等,间密留匀、去劣留优,调整林分树种组成和空间结构,改善保留木的生长条件,促进林木高生长。

3.5.2 疏伐 thinning cutting

在林分郁闭后的幼龄林或中龄林阶段,当林木间关系从互助互利生长开始向互抑互害竞争转变后进行的抚育采伐。

注:疏伐主要针对同龄林进行。伐除密度过大、生长不良的林木,间密留匀、去劣留优,进一步调整林分树种和空间结构,为目标树或保留木留出适宜的营养空间。

3.5.2.1 定株 singling

在幼龄林中,同一穴中种植或萌生了多株幼树时,按照合理密度伐除质量差、长势弱的林木,保留质量好、长势强的林木,为保留木保留适宜生长空间的抚育方式。

3.5.3 生长伐 accretion cutting

在中龄林阶段,当林分胸径连年生长量明显下降,目标树或保留木生长受到明显影响时进行的抚育采伐。

注:生长伐与疏伐的差别在于,进行生长伐需要确定目标树或保留木的最终保留密度(终伐密度)。采用目标树分类的,通过林木分类,选择和标记目标树,采伐干扰树;采用林木分级的,保留Ⅰ、Ⅱ级木,采

伐Ⅴ、Ⅳ级木，为目标树或保留木保留适宜的营养空间，促进林木径向生长。

3.5.4　卫生伐　sanitation cutting

在遭受自然灾害的森林中以改善林分健康状况为目标进行的抚育采伐。

注：卫生伐主要伐除已被危害、丧失培育前途、难以恢复或危及目标树或保留木生长的林木。

3.6　采伐强度　thinning intensity

采伐强度包括蓄积采伐强度、株数采伐强度，分别是采伐木的蓄积、株数和抚育采伐小班的总蓄积、总株数之比。

注：合理的采伐强度取决于林分生长状态、立地条件、经营目的和树种生物学特性。一般根据不同立地条件、经营目的以及森林生长与林木之间的数量关系，确定不同生长阶段的合理密度、断面积、最适株数、郁闭度。依据不同生长阶段的合理密度、断面积、最适株数、郁闭度等确定合理的采伐强度。

3.7　补植　enrichment planting

在郁闭度低的林分，或林隙、林窗、林中空地等，或在缺少目的树种的林分中，在林冠下或林窗等处补植目的树种，调整树种结构和林分密度、提高林地生产力和生态功能的抚育方式。

3.8　人工促进天然更新　artificial promoted natural regeneration

通过松土除草、平茬或断根复壮、补植或补播、除蘖间苗等措施促进目的树种幼苗幼树生长发育的抚育方式。

3.9　割灌除草　brush cutting and weeding

清除妨碍林木、幼树、幼苗生长的灌木、藤条和杂草的抚育方式。

3.10　修枝　branch pruning

又称人工整枝，人为地除掉林木下部枝条的抚育方式。主要用于培育天然整枝不良的大径级用材林或珍贵树种用材林。

3.11　浇水　irrigation

补充自然降水量不足，以满足林木生长发育对水分需求的抚育措施。

3.12 **施肥** fertilization

将肥料施于土壤中或林木上,以提供林木所需养分,并保持和提高土壤肥力的抚育方式。

4 总则

4.1 森林抚育目标

改善森林的树种组成、年龄和空间结构,提高林地生产力和林木生长量,促进森林、林木生长发育,丰富生物多样性,维护森林健康,充分发挥森林多种功能,协调生态、社会、经济效益,培育健康稳定、优质高效的森林生态系统。

4.2 森林抚育方式确定原则

根据森林发育阶段、培育目标和森林生态系统生长发育与演替规律,应按照以下原则确定森林抚育方式:

——幼龄林阶段由于林木差异还不显著而难于区分个体间的优劣情况,不宜进行林木分类和分级,需要确定目的树种和培育目标;

——幼龄林阶段的天然林或混交林由于成分和结构复杂而适用于进行透光伐抚育,幼龄林阶段的人工同龄纯林(特别是针叶纯林)由于基本没有种间关系而适用于进行疏伐抚育,必要时进行补植;

——中龄林阶段由于个体的优劣关系已经明确而适用于进行基于林木分类(或分级)的生长伐,必要时进行补植,促进形成混交林;

——只对遭受自然灾害显著影响的森林进行卫生伐;

——条件允许时,可以进行浇水、施肥等其他抚育措施。

确定森林抚育方式要有相应的设计方案,使每一个作业措施都能按照培育目标产生正面效应,避免无效工作或负面影响。

同一林分需要采用两种及以上抚育方式时,要同时实施,避免分头作业。

4.3 龄组和起源划分原则

4.3.1 龄组划分

依据目的树种划分龄组,主要树种(组)龄组与龄级划分按照 GB/T 26424 的规定执行。

对于层次明显的异龄林,可以分别层次划分目的树种和龄组。

4.3.2　起源划分

起源划分为人工林、天然林。对于人工天然混生的林分,按照林分中的目的树种确定其起源。

对于层次明显的异龄林,可以分别层次划分目的树种和起源。

4.4　抚育采伐作业原则

4.4.1　采劣留优、采弱留壮、采密留稀、强度合理、保护幼苗幼树及兼顾林木分布均匀。

4.4.2　抚育采伐作业要与具体的抚育采伐措施、林木分类(分级)要求相结合,避免对森林造成过度干扰。

5　林木分类与分级

5.1　林木分类

5.1.1　适用对象

林木分类适用于所有林分(单层同龄人工纯林也可以采用林木分级,见5.2)。林木类型划分为目标树、辅助树、干扰树和其他树。

5.1.2　目标树

5.1.2.1　选择目标树的一般标准是:

a)属于目的树种;

b)生活力强;

c)干材质量好;

d)没有(或至少根部没有)损伤;

e)优先选择实生起源的林木。

5.1.2.2　选择目标树可以根据不同的森林情况灵活掌握。对于树种价值差异不显著的天然林,可以不苛求“目的树种”而直接选择“生活力强的林木个体”作为目标树;对于人工同龄纯林可以不苛求“实生”与“萌生”的区别,按照“与周边其他相邻木相比具有最强的生活力”的原则选择目标树。

5.1.2.3　目的树种名录、主要森林类型目标树的最低保留株数和最适保留株数由各省根据实际情况确定。

5.1.3　辅助树

又称“生态目标树”，是有利于提高森林的生物多样性、保护珍稀濒危物种、改善森林空间结构、保护和改良土壤等功能的林木。比如，能为鸟类或其他动物提供栖息场所的林木可选择为辅助树加以保护。

5.1.4　干扰树

对目标树生长直接产生不利影响、或显著影响林分卫生条件、需要在近期采伐的林木。

5.1.5　其他树

林分中除目标树、辅助树、干扰树以外的林木。

5.2　林木分级

5.2.1　适用对象

林木分级适用于单层同龄人工纯林。林木级别分为5级。

5.2.2　Ⅰ级木

Ⅰ级木又称优势木，林木的直径最大，树高最高，树冠处于林冠上部，占用空间最大，受光最多，几乎不受挤压。

5.2.3　Ⅱ级木

Ⅱ级木又称亚优势木，直径、树高仅次于优势木，树冠稍高于林冠层的平均高度，侧方稍受挤压。

5.2.4　Ⅲ级木

Ⅲ级木又称中等木，直径、树高均为中等大小，树冠构成林冠主体，侧方受一定挤压。

5.2.5　Ⅳ级木

Ⅳ级木又称被压木，树干纤细，树冠窄小且偏冠，树冠处于林冠层平均高度以下，通常对光、营养的需求不足。

5.2.6　Ⅴ级木

Ⅴ级木又称濒死木、枯死木，处于林冠层以下，接受不到正常的光照，生长衰弱，接近死亡或已经死亡。

5.3　抚育采伐顺序

在满足本标准第4章的条件下，抚育采伐按以下顺序确定保留木、采伐木：

a)没有进行林木分类或分级的幼龄林,保留木顺序为:目的树种林木、辅助树种林木;

b)实行林木分类的,采伐木顺序为:干扰树、(必要时)其他树;保留木顺序为:目标树、辅助树、其他树;

c)实行林木分级的,采伐木顺序为:Ⅴ级木、Ⅳ级木、(必要时)Ⅲ级木;保留木顺序为:Ⅰ级木、Ⅱ级木、Ⅲ级木。

6 各种抚育方式适用的条件

6.1 透光伐

透光伐主要解决幼龄林阶段目的树种林木上方或侧上方严重遮阴问题。所谓严重遮阴与树种的喜光性有关。只有当上方或侧上方遮阴妨碍目的树种高生长时才认为是严重遮阴。通常满足下述 2 个条件之一:

a)郁闭后目的树种受压制的林分;

b)上层林木已影响到下层目的树种林木正常生长发育的复层林,需伐除上层的干扰木时。

6.2 疏伐

疏伐主要解决同龄林密度过大问题。合理密度与树种年龄、立地质量、树种组成有关。各地要编制并依据本地不同立地条件的最优密度控制表进行疏伐。在没有最优密度控制表的地方,推荐下述 2 个条件之一:

a)郁闭度 0.8 以上的中龄林和幼龄林;

b)天然、飞播、人工直播等起源的第一个龄级,林分郁闭度 0.7 以上,林木间对光、空间等开始产生比较激烈的竞争。

符合条件 b)的,可采用定株为主的疏伐。

6.3 生长伐

生长伐主要是调整中龄林的密度和树种组成,促进目标树或保留木径向生长。各地要编制并依据本地不同立地条件的最优密度控制表或目标树最终保留密度(终伐密度)表进行生长伐。在没有最优密度控制表或目标树终伐密度表的地方,推荐下述 3 个条件之一:

a)立地条件良好、郁闭度 0.8 以上,进行林木分类或分级后,目标树、辅助树或Ⅰ级木、Ⅱ级木株数分布均匀的林分;

b)复层林上层郁闭度 0.7 以上,下层目的树种株数较多且分布均匀;

c)林木胸径连年生长量显著下降,枯死木、濒死木数量超过林木总数 15% 的林分。

符合条件 c)的,应与补植同时进行。

6.4 卫生伐

符合以下条件之一的,可采用卫生伐:

a)发生检疫性林业有害生物;

b)遭受森林火灾、林业有害生物、风折雪压等自然灾害危害,受害株数占林木总株数 10% 以上。

6.5 补植

符合以下条件之一的,可采用补植:

a)人工林郁闭成林后的第一个龄级,目的树种、辅助树种的幼苗幼树保存率小于 80%;

b)郁闭成林后的第二个龄级及以后各龄级,郁闭度小于 0.5;

c)卫生伐后,郁闭度小于 0.5 的;

d)含有大于 25 平方米林中空地的;

e)立地条件良好、符合经营目标的目的树种株数少的有林地。

符合条件 e)的,应结合生长伐进行补植。

6.6 人工促进天然更新

在以封育为主要经营措施的复层林或近熟林中,目的树种天然更新等级为中等以下、幼苗幼树株数占林分幼苗幼树总株数的 50% 以下,且依靠其自然生长发育难以达到成林标准的,可采用人工促进天然更新。

6.7 修枝

符合以下条件之一的用材林,可采用修枝:

a)珍贵树种或培育大径材的目标树;

b)高大且其枝条妨碍目标树生长的其他树。

6.8　割灌除草

符合以下条件之一的，可采用割灌除草：

a）林分郁闭前，目的树种幼苗幼树生长受杂灌杂草、藤本植物等全面影响或上方、侧方严重遮阴影响的人工林；

b）林分郁闭后，目的树种幼树高度低于周边杂灌杂草、藤本植物等，生长发育受到显著影响的。

6.9　浇水

符合以下条件之一的，可采用浇水：

a）400 毫米降水量以下地区的人工林；

b）400 毫米降水量以上地区的人工林遭遇旱灾时。

6.10　施肥

符合以下条件之一的，可采用施肥：

a）用材林的幼龄林；

b）短周期工业原料林；

c）珍贵树种用材林。

7　控制指标

7.1　透光伐

采取透光伐抚育后的林分应达到以下要求：

a）林分郁闭度不低于 0.6；

b）在容易遭受风倒雪压危害的地段，或第一次透光伐时，郁闭度降低不超过 0.2；

c）更新层或演替层的林木没有被上层林木严重遮阴；

d）目的树种和辅助树种的林木株数所占林分总株数的比例不减少；

e）目的树种平均胸径不低于采伐前平均胸径；

f）林木株数不少于该森林类型、生长发育阶段、立地条件的最低保留株数，分森林类型、生长发育阶段、立地条件的最低保留株数由各省确定；

g）林木分布均匀，不造成林窗、林中空地等。

7.2 疏伐

采取疏伐抚育后的林分应达到以下要求：

a)林分郁闭度不低于0.6；

b)在容易遭受风倒雪压危害的地段，或第一次疏伐时，郁闭度降低不超过0.2；

c)目的树种和辅助树种的林木株数所占林分总株数的比例不减少；

d)目的树种平均胸径不低于采伐前平均胸径；

e)林木分布均匀，不造成林窗、林中空地等；

f)采伐后保留株数应满足7.1 f)的规定。

7.3 生长伐

采取生长伐抚育后的林分应达到以下要求：

a)林分郁闭度不低于0.6；

b)在容易遭受风倒雪压危害的地段，或第一次生长伐时，郁闭度降低不超过0.2；

c)目标树数量，或Ⅰ级木、Ⅱ级木数量不减少；

d)林分平均胸径不低于采伐前平均胸径；

e)林木分布均匀，不造成林窗、林中空地等，对于天然林，如果出现林窗或林中空地应进行补植；

f)生长伐后保留株数应满足7.1 f)的规定。

7.4 卫生伐

采取卫生伐抚育后的林分应达到以下要求：

a)没有受林业检疫性有害生物及林业补充检疫性有害生物危害的林木。

b)蛀干类有虫株率在20%(含)以下。

c)感病指数在50(含)以下。感病指数按GB/T 15776的规定执行。

d)除非严重受灾，采伐后郁闭度应保持在0.5以上。采伐后郁闭度在0.5以下，或出现林窗的，要进行补植。

7.5　采伐剩余物处理

采伐剩余物处理应达到以下要求：

a）伐后要及时将可利用的木材运走，同时清理采伐剩余物，可采取运出，或平铺在林内，或按一定间距均匀堆放在林内等方式处理；有条件时，可粉碎后堆放于目标树根部鱼鳞坑中。坡度较大情况下，可在目标树根部做反坡向的水肥坑（鱼鳞坑）并将采伐剩余物适当切碎堆埋于坑内。

b）对于感染林业检疫性有害生物及林业补充检疫性有害生物的林木、采伐剩余物等，要全株清理出林分，集中烧毁，或集中深埋。

7.6　补植

采取补植抚育后的林分应达到以下要求：

a）选择能与现有树种互利生长或相容生长，并且其幼树具备从林下生长到主林层的基本耐阴能力的目的树种作为补植树种。对于人工用材林纯林，要选择材质好、生长快、经济价值高的树种；对于天然用材林，要优先补植材质好、经济价值高、生长周期长的珍贵树种或乡土树种；对于防护林，应选择能在冠下生长、防护性能良好并能与主林层形成复层混交的树种。

b）用材林和防护林经过补植后，林分内的目的树种或目标树株数不低于每公顷 450 株，分布均匀，并且整个林分中没有半径大于主林层平均高 1/2 的林窗。

c）不损害林分中原有的幼苗幼树。

d）尽量不破坏原有的林下植被，尽可能减少对土壤的扰动。

e）补植点应配置在林窗、林中空地、林隙等处。

f）成活率应达到 85% 以上，三年保存率应达 80% 以上。

7.7　人工促进天然更新

采取人工促进天然更新抚育后的林分应达到以下要求：

a）达到天然更新中等以上等级；

b）目的树种幼苗幼树生长发育不受灌草干扰；

c）目的树种幼苗幼树占幼苗幼树总株数的 50% 以上。

7.8　修枝

采取修枝抚育后的林分应达到以下要求：

a)修去枯死枝和树冠下部1轮~2轮活枝；

b)幼龄林阶段修枝后保留冠长不低于树高的2/3、枝桩尽量修平，剪口不能伤害树干的韧皮部和木质部；

c)中龄林阶段修枝后保留冠长不低于树高的1/2、枝桩尽量修平，剪口不能伤害树干的韧皮部和木质部。

7.9　割灌除草

采取割灌除草抚育后的林分应达到以下要求：

a)影响目的树种幼苗幼树生长的杂灌杂草和藤本植物全部割除；提倡围绕目的树种幼苗幼树进行局部割灌，避免全面割灌。

b)割灌除草施工要注重保护珍稀濒危树木、林窗处的幼树幼苗及林下有生长潜力的幼树幼苗。

7.10　浇水

采取浇水抚育后的林分应达到以下要求：

a)浇水采用穴浇、喷灌、滴灌，尽可能避免漫灌；提倡采用滴灌或喷灌等节水措施。

b)浇水后林木生长发育良好。

7.11　施肥

采取施肥抚育后的林分应达到以下要求：

a)追肥种类应为有机肥或复合肥；

b)追肥施于林木根系集中分布区，不超出树冠覆盖范围，并用土盖实，避免流失；

c)施肥应针对目的树种、目标树，或Ⅰ级木、Ⅱ级木、Ⅲ级木；

d)应经过施肥试验，或进行测土配方施肥。

8　生物多样性保护

8.1　野生动物保护

森林抚育活动中，应采取以下措施保护野生动物：

a)树冠上有鸟巢的林木，应作为辅助木保留。

b)树干上有动物巢穴、隐蔽地的林木,应作为辅助木保留。

c)保护野生动物的栖息地和动物廊道。抚育作业设计要考虑作业次序和作业区的连接与隔离,以便在作业时野生动物有躲避场所。

8.2　野生植物保护

森林抚育活动中,应采取以下措施保护野生植物:

a)国家或地方重点保护树种,或列入珍稀濒危植物名录的树种,要标记为辅助树或目标树保留;

b)在针叶纯林中的当地乡土树种应作为辅助树保留;

c)保留国家或地方重点保护的植物种类;

d)保留有观赏和食用药用价值的植物;

e)保留利用价值不大但不影响林分卫生条件和目标树生长的林木。

8.3　其他保护措施

森林抚育活动中,还应采取以下措施保护生物多样性:

a)森林抚育作业时要采取必要措施保护林下目的树种及珍贵树种幼苗、幼树;

b)适当保留下木,凡不影响作业或目的树种幼苗、幼树生长的林下灌木不得伐除(割除);

c)要结合除草、修枝等抚育措施清除可燃物;

d)抚育采伐作业按照 LY/T 1646 和 LY/T 1724 的规定执行。

9　作业设计

9.1　设计总体

森林抚育作业设计,国有林区以国有林业(企业)局、国有林场或经营区为设计总体,集体林区以县、乡、林场为设计总体。

9.2　小班调查

9.2.1　作业设计以森林资源规划设计调查区划的小班为抚育作业设计小班,或在森林资源规划设计调查区划小班的基础上,依据林分实际情况重新区划森林抚育作业小班。没有开展过森林资源规划设计调查的,以造林作业设计小班为基础,依据林分实际情况重新区划森林抚育

作业小班。

9.2.2　作业设计调查采用标准地调查法。根据小班树种、林木分布与生长发育状况，典型或机械布设样地，标准地面积为0.06～0.10公顷，标准地数量分别起源按照作业设计小班面积确定。人工林标准地总面积不小于作业设计小班面积的1%，天然林样地总面积不小于作业设计小班面积的1.5%。每个小班应至少设置一块标准地。

9.2.3　调查标准地的地形地势、土壤、植被，以及测树因子（包括郁闭度、树种、胸径、株数、林分平均高、蓄积量等）。林分平均高、各林木树高用树高生长方程计算。

9.3　设计内容

9.3.1　树种和林木分类与分级：采取目标树经营作业体系的作业设计，应进行树种和林木分类，明确小班的目的树种、辅助树种、其他树种和目标树、辅助树、干扰树、其他树；采取常规人工林抚育作业体系的作业设计，应进行林木分级，明确小班的Ⅰ级木、Ⅱ级木、Ⅲ级木、Ⅳ级木、Ⅴ级木。

9.3.2　抚育方式：明确小班宜采取的抚育方式、作业措施等。对于透光伐、疏伐、生长伐、卫生伐等抚育方式，应明确保留木、采伐木。

9.3.3　抚育指标：明确小班的抚育面积、（浇水）用水量、（施肥）肥料种类与数量、（割灌除草）除草面积、（定株）定株穴数或株数。平均胸径5厘米以上的小班应有抚育强度、采伐蓄积量、出材量等，以及相应的用工量、费用概算等。

9.3.4　辅助设施：包括必要的水渠、作业道、集材道、临时楞场、临时工棚等。其中，作业道路应能通到每个小班；400毫米降水量以下地区，浇水（灌溉）设施应能覆盖作业小班。

9.3.5　作业设计图：应注明小班位置、边界、小班号、优势目的树种、面积、抚育方式、郁闭度等主要小班因子，以及辅助设施，比例尺不小于1∶10 000。没有1∶10 000比例尺的地区，可采用1∶50 000放大到1∶25 000比例尺的地形图。

9.4　设计成果

抚育作业设计应包括以下文件：

a)设计成果包括作业设计说明书、附表、附图等;

b)作业设计说明书主要内容包括设计依据和原则、作业设计地区的基本情况、抚育技术措施、物资需要量、设施的修建、费用测算,以及抚育作业施工进度安排等;

c)附表包括分别作业小班的现状调查表、抚育技术设计表、工程量表、投资概算表等;

d)附图包括抚育作业布局图、小班作业设计图。

9.5 设计资格

抚育作业设计由获得林业调查规划设计资格的单位承担或由县林业主管部门及其授权的基层林业工作站承担。

9.6 作业设计文件审批

抚育作业设计按以下程序审批:

a)抚育作业设计由森林经营单位上级主管部门审批、报省级林业主管部门备案;没有上级主管部门的,由当地林业主管部门审批,报省级林业主管部门备案;

b)非林业系统的森林抚育作业设计由其上级主管部门审核,再按a)的规定执行。

10 作业施工与检查验收

10.1 抚育作业施工

10.1.1 施工前要完成辅助工程设施及生产与生活资料的准备,人员组织,并在现场统一操作方法。

10.1.2 涉及采伐的抚育方式,抚育作业要按技术要求选择采伐木,并在其胸高处和根径处进行注记。林木采伐按 LY/T 1646 的规定执行。

10.1.3 林地排灌时要防止土壤侵蚀和次生盐碱化,施肥时不得污染环境。

10.2 抚育作业监督

作业质量检查等日常管理工作由抚育作业单位负责。实施抚育作业的单位应派出现地质量监督员,在现地监督检查作业设计的执行情况并指导抚育作业。质量监督员对发现违规作业行为,有权做出限期补救提示、限期补救警告和暂停作业处理，具体按附录 A 的规定执行。做出暂停作业处理的，在继续作业之前要进行进一步的实地检查，以证实所有工作都按照要求的标准完成。

10.3 抚育作业检查验收

10.3.1 检查验收依据与内容

检查验收依据为批准的作业设计文件、有关施工合同等。

检查内容主要包括森林抚育作业数量与质量等作业设计执行情况与效果，以及森林采伐限额执行、信息档案管理等情况。

10.3.2 检查验收组织和检查验收时间

森林抚育检查验收实行国家级抽查、省级核查、县级自查的组织方式。

县级自查在抚育作业后及时进行，省级核查在县级自查的基础上开展，国家级抽查在省级核查的基础上开展。

10.3.3 检查程序

森林抚育检查应按以下程序进行：

a）森林抚育作业单位应在完成作业后及时向抚育作业审批部门提出验收申请，主管部门接到申请后，应及时组织开展对抚育作业的检查验收；

b）检查验收按作业设计小班进行现地核实；

c）检查验收时应有抚育作业单位代表陪同；

d）检查验收以作业设计小班为单位，采用抽样调查方法，对抽取小班的标准地进行检查，国家级抽查的面积不低于作业面积的 1%，省级核查的面积不低于作业面积的 2.5%，县级自查对所有小班进行现地检查；

e）检查结束后，应由抚育作业单位代表在检查单上签字确认。

10.3.4 检查验收标准

检查验收结果采取百分制，总分达到 85 分为合格，检查验收标准见附录 B。其中，出现无证采伐，或越界采伐，或改变抚育方式，或伐除 2 株及以上目标树等现象的，即判定为不合格作业区。

10.3.5 采伐验收合格证的发放

10.3.5.1 有林木采伐的作业区,经检查验收合格的,由当地县级以上林业主管部门发放采伐验收合格证。因作业区清理、环境影响和资源利用等造成不合格的,发放整改通知书,限期纠正,直到合格方能发证。因越界采伐、超林木采伐许可证采伐等造成不合格的,由当地林业主管部门按相关法律、法规的规定处理,不发采伐验收合格证。无采伐验收合格证的单位不能继续施工。

10.3.5.2 采伐验收合格证样式由省级以上林业主管部门统一制定。

11 档案管理

11.1 档案管理机构、人员与职责

各森林经营单位或林业主管部门,应按照国家档案管理的有关规定配备相应的管理人员,负责档案资料的接收、收集、整理、保管和提供利用。

11.2 档案内容

11.2.1 作业设计文档

包括森林抚育作业区调查原始记录和作业设计成果。设计成果包括说明书、表、图,以及作业设计批复文件等。

11.2.2 森林抚育作业文档

包括施工合同、采伐许可证等文件,以及有关抚育作业过程中的用工和设备、材料等消耗资料。

11.2.3 检查验收文档

森林抚育作业的自查报告、检查验收报告等材料。

11.2.4 其他相关文档

包括工作总结、财务报表等文档,以及抚育作业前后对比照片等材料。

11.3 档案保存形式

森林抚育档案应有纸介质文档和电子文档,纸介质文档字迹应清晰,电子文档应有备份。

11.4 档案管理

11.4.1 归档与接收

森林抚育作业验收结束后,有关单位和部门应立即完善相关档案材料的归类、整理与立卷。

11.4.2 档案入库

档案管理部门整理立卷和接收入库的档案应符合以下要求:

a)归档的文件材料齐全;

b)遵循文件材料的形成规律,保持文件之间的历史联系;

c)保管期限划分准确;

d)案卷题名简明确切;

e)卷内文件排列有序;

f)案卷应符合标准,每个案卷应填写卷内文件目录,备考表,编页号或件号;

g)立卷单位或立卷人应编制案卷移交目录一式三份,交接双方依据移交目录清点核对,并分别在移交清单上签字。

11.4.3 档案管理

作业单位应有健全的档案管理制度,档案管理人员应建立必需的登记和统计制度,对档案的收进、移出、保管和利用情况进行精确的统计,档案管理人员更换时应办理移交工作。

附录 A

（规范性附录）

森林抚育作业监督主要处罚项目

限期补救提示	限期补救警告	暂停作业
a)违反安全管理操作规程； b)标记树未被采伐； c)楞场排水方式不正确造成积水； d)生活区废物处理不当； e)各类油污未处理	a)严重违反安全管理操作规程； b)树倒方向控制不好，造成树木搭挂或伐倒木砸伤损伤； c)采伐未挂号的非目标树； d)割灌除草质量或伐根高度不符合要求； e)作业过程造成集材道损坏； f)集材道被铲坏，阻塞和弄乱界线、道路、河流以及当地农林排沟灌渠； g)拖拉机下道集材损坏树木和幼树	a)违反安全管理操作规程造成后果的； b)改变抚育方式、越界采伐、无证采伐、超证采伐； c)森林抚育作业人员人为造成火灾火情； d)采伐目的树种或目标树； e)发生食物中毒事件； f)有人身伤亡事故发生

附录 B

（规范性附录）

森林抚育作业质量检查标准

检查项目	标准分	检查方法及评分标准
总分	100	
(一)作业质量	70	
抚育方式	5	符合作业设计得满分,改变作业方式的为不合格作业区
作业面积	10	小于作业设计面积5%以上的,不得分。越界作业的为不合格作业区
应采未采木	5	应采木漏采1株扣1分
采伐目标树	15	每采1株扣7.5分。超过2株为不合格作业区
采伐未挂号的树木	5	每采1株扣1分
郁闭度	10	符合调查设计要求的得满分,否则不得分
伐根	5	10厘米以上高度的伐根应低于15%,每超过1%扣1分
树种组成	5	符合作业设计得满分,否则不得分
平均胸径	5	允许误差5%;每超过±1%扣1分
集材	5	幼苗、幼树损伤率超过调查采伐面积中幼苗、幼树总株数30%的不得分
(二)作业区清理	10	
随集随清	10	采伐剩余物清理符合要求的得满分,不符合要求的扣5分。采伐剩余物不清理,或有病菌和虫害的剩余物未按要求处理的,不得分

续附录 B

检查项目	标准分	检查方法及评分标准
(三)环境影响	15	
水土流失	10	抚育作业生活区建设时破坏的山体未回填扣 2 分 对可能发生冲刷的集材道未做处理扣 4 分 对可能发生冲刷的集材道处理达不到要求扣 2 分 集材道出现冲刷不得分 因集材道路未设水流阻流带而出现车辙、冲沟深度超 5 厘米的扣 8 分
场地卫生	5	发生下列情况之一的扣 2 分: a)可分解的生活废弃物未深埋; b)难分解生活废弃物未运往垃圾处理场; c)抚育作业生活区的临时工棚未拆除彻底; d)建筑用材料未运出; e)抽查 0.5 公顷采伐面积,人为弃物超过 2 件
(四)资源利用	5	
抚育作业丢弃材	3	丢弃材超过 0.1 立方米/公顷扣 3 分
装车场丢弃材	2	装净得满分,否则不得分

附录2　河南省森林抚育作业设计规定(试行)

第一章　总　则

第一条　为规范和加强森林抚育作业设计管理,提高作业设计质量,保障森林抚育成效,依据国家林业局《森林抚育作业设计规定》及相关技术标准,结合我省实际,制定本规定。

第二条　森林抚育作业应当严格遵照森林抚育作业设计(以下简称作业设计)实施。中央财政补贴森林抚育及省级财政补贴森林抚育作业设计均执行本规定。

第三条　森林抚育作业设计应当由具备林业调查规划设计资质的单位或由县级林业主管部门及其授权的基层林业工作站编制。其中,中央财政补贴森林抚育作业设计应当由具备林业调查规划设计资质的单位编制。

第四条　编制作业设计应当遵循下列技术标准,还应当符合国家和省有关政策和要求。

(一)《森林抚育规程》(GB/T 15781—2013);

(二)《森林资源规划设计调查技术规程》(GB/T 26424—2010);

(三)《森林采伐作业规程》(LY/T 1646—2006);

(四)《河南省森林资源规划设计调查技术操作细则》(2005)。

第五条　森林抚育作业设计应当遵循现场调查、现场设计的原则,坚持生态优先、维护生物多样性,以增强森林生态功能、提高林分质量为宗旨,在充分考虑森林培育目标和林分发育阶段的基础上,科学合理地确定抚育作业的内容和措施。

第六条　森林抚育作业设计的设计总体分别国有林区和集体林区确定。国有林区以国有林场或经营区为设计总体,集体林区以县或乡、林场为设计总体,编制作业设计文件。作业设计以小班为基本单元,并满足施工作业要求。

第七条　森林抚育作业设计须经河南省林业厅审批方可实施。批准后的作业设计,不得随意改动;确需改动的,须报省林业厅批准。

第二章　抚育对象和方式

第八条　除省级以上人民政府(含省级)明确规定不允许实施抚育的森林外,均可作为森林抚育对象。国家和省级财政补贴森林抚育作业设计的对象和方式还应当符合国家和省级财政、林业部门的有关规定。

中央财政补贴及省级财政补贴森林抚育对象主要为幼龄林及中龄林。

中央财政补贴森林抚育范围为国有林区的公益林和用材林,集体林区的公益林。经济林和竹林暂不作为抚育对象。一级国家公益林不纳入森林抚育范围。

省级财政补贴森林抚育范围为国有林和集体林。包括防护林、特用林、用材林,以及需要抚育的竹林、生物质能源林、木本油料林和干果类经济林。

第九条　森林抚育方式包括透光伐、疏伐、生长伐、卫生伐、补植、人工促进天然更新、修枝、割灌除草、浇水、施肥等。

第十条　森林抚育方式设计原则

设计森林抚育方式时,应当根据林分发育阶段、森林培育目标和森林生态系统生长发育与演替规律综合确定,使每一种或两种以上组合的抚育措施能够为实现森林发展目标产生正面效应,避免无效作业甚至产生负面影响。

第十一条　抚育采伐:包括透光伐、疏伐、生长伐、卫生伐。采取抚育采伐方式的林分应当满足以下条件:

(一)透光伐

在幼龄林阶段,目的树种林木上方或侧上方严重遮阴,并妨碍目的树种高生长时,进行透光伐。

透光伐应满足下述 2 个条件之一:

1. 郁闭后目的树种受压制的林分;

2. 上层林木已影响到下层目的树种林木正常生长发育的复层林,

需伐除上层的干扰木时。

（二）疏伐

在幼龄林或中龄林阶段，同龄林的林分密度过大时进行疏伐。

疏伐应满足下述条件之一：

1. 郁闭度 0.8 以上的中龄林和幼龄林。

2. 天然、飞播、人工直播等起源的第一个龄级，林分郁闭度 0.7 以上，林木间对光、空间等开始产生比较激烈的竞争。符合条件 2 的，可采用以定株抚育为主的疏伐。

3. 省级财政补贴森林抚育项目除满足上述条件可进行疏伐外，对新造生态林（造林后第 2 年～第 3 年）保存率在 85% 以上，林分密度过大时，可采用以定株抚育为主的疏伐。

（三）生长伐

在中龄林阶段，需要调整林分密度和树种组成，促进目标树或保留木径向生长时进行生长伐。

生长伐应满足下述条件之一：

1. 立地条件良好、郁闭度 0.8 以上，进行林木分类或分级后，目标树、辅助树或Ⅰ级木、Ⅱ级木株数分布均匀的林分。

2. 复层林上层郁闭度 0.7 以上，下层目的树种株数较多且分布均匀。

3. 林木胸径连年生长量显著下降，枯死木、濒死木数量超过林木总数 15% 的林分。符合条件 3 的，应与补植同时进行。

（四）卫生伐

发生检疫性林业有害生物，或遭受森林火灾、林业有害生物、风折雪压、干旱等自然灾害危害，且受害株数占林木总株数 10% 以上时，进行卫生伐。

抚育采伐按以下顺序确定保留木、采伐木：

1. 没有进行林木分类或分级的幼龄林，保留木顺序为：目的树种林木、辅助树种林木。

2. 实行林木分类的，保留木顺序为：目标树、辅助树、其他树；采伐木顺序为：干扰树、其他树（必要时）。

3. 实行林木分级的,保留木顺序为:Ⅰ级木、Ⅱ级木、Ⅲ级木;采伐木顺序为:Ⅴ级木、Ⅳ级木、Ⅲ级木(必要时)。

第十二条 补植

符合以下条件之一的,可进行补植:

(一)人工林郁闭成林后的第一个龄级,目的树种、辅助树种的幼苗幼树保存率小于80%。

(二)郁闭成林后的第二个龄级及以后各龄级,郁闭度小于0.5。

(三)卫生伐后,郁闭度小于0.5的。

(四)含有大于25平方米林中空地的。

(五)立地条件良好、符合森林培育目标的目的树种株数少的有林地。符合条件(五)的,应结合生长伐进行补植。

(六)省级财政补贴森林抚育除符合上述条件可进行补植外,对新造生态林(造林后第2年~第3年)保存率在41%~84%之间的可进行补植。

第十三条 人工促进天然更新

在以封育为主要经营措施的复层林或近熟林中,目的树种天然更新等级为中等以下、幼苗幼树株数占林分幼苗幼树总株数的50%以下,且依靠其自然生长发育难以达到成林标准的,进行人工促进天然更新。

第十四条 割灌除草

在林分郁闭前或者郁闭后,当灌草总覆盖度达80%以上,灌木杂草高度超过目的树种幼苗幼树并对其生长造成严重影响时,进行割灌除草。

一般情况下,只需割除目的树种幼苗幼树周边1米左右范围的灌木杂草,避免全面割灌除草,同时进行培埂、扩穴,以促进幼苗幼树的正常生长。

割灌除草必须结合当地实际,综合考虑防止水土流失、促进天然更新、保护生物多样性等原则,科学设计抚育方式和强度,保护珍稀物种,保留天然更新目的树种的幼苗和幼树,并在春夏季节作业(5、6月份进行)。

省级财政补贴森林抚育项目除满足上述条件可进行割灌除草外，对新造生态林(造林后第 2 年 ~ 第 3 年)保存率在 85% 以上灌草盖度 80% 以上的地块可进行割灌除草。

第十五条 人工修枝

符合以下条件之一的用材林，可进行修枝：

(一)珍贵树种或培育大径材的目标树；

(二)高大且其枝条妨碍目标树生长的其他树。

第十六条 浇水

降水量 400 毫米以上地区的人工林遭遇旱灾时，可进行浇水。

第十七条 施肥

在用材林的幼龄林、短周期工业原料林或者珍贵树种用材林中，可进行施肥。

第十八条 针对情况复杂、单一抚育方式无法达到抚育目的的林分，可以实行森林抚育方式的配套组合，采取综合抚育措施，培育健康稳定的森林。综合抚育措施应当同时实施，避免分头作业。

浇水、施肥暂不单独作为中央财政补贴和省级财政补贴森林抚育方式，修枝暂不单独作为中央财政补贴的森林抚育方式，应当与其他抚育方式结合、作为综合抚育措施之一。

第十九条 抚育材及抚育作业剩余物处置

抚育材及抚育作业剩余物的处置应当综合考虑有效利用、森林病虫害防治、森林防火、环境保护等要求，进行合理分类并采取运出、平铺，或者按一定间距均匀堆放等适当方式处理。

有条件时，可将抚育作业剩余物粉碎后堆放于目标树根部鱼鳞坑中。

对于抚育采伐受病虫害危害的林木、剩余物等，应当清理出林分，集中进行除害化处理。必要时，还应当对伐根(不超过 10 cm)进行适当处理。

第二十条 根据森林抚育作业要求，需要修建简易集材道、作业道、临时楞场、临时工棚等辅助设施的作业设计，按照《森林采伐作业规程》(LY/T 1646—2005)执行。

森林抚育生产的小径材可人力集材的，不设计修筑简易集材道。

第三章　抚育质量控制指标

第二十一条　抚育采伐质量控制

（一）采取透光伐、疏伐、生长伐抚育后的林分应当达到以下要求：

1. 林分郁闭度不低于0.6。

2. 在容易遭受风倒、雪压危害的地段，或第一次抚育采伐时，郁闭度降低不超过0.2。

3. 林分目的树种和辅助树种（目标树，辅助树，或Ⅰ级木、Ⅱ级木）的林木株数所占林分总株数的比例不减少。

4. 林分目的树种平均胸径不低于采伐前平均胸径。

5. 林木株数不少于该森林类型、生长发育阶段、立地条件的最低保留株数。

6. 林木分布均匀，不造成林窗、林中空地等。对于天然林，如果出现林窗或林中空地则应进行补植。

7. 透光伐后更新层或演替层林木没有被上层林木严重遮阴。

（二）采取卫生伐抚育后的林分应当达到以下要求：

1. 没有受林业检疫性有害生物及林业补充检疫性有害生物危害的林木。

2. 蛀干类有虫株率在20%（含）以下。

3. 感病指数在50（含）以下。感病指数按《造林技术规程》（GB/T 15776）的规定执行。

4. 除非严重受灾，采伐后郁闭度应保持在0.5以上。采伐后郁闭度在0.5以下，或出现林窗的，应进行补植。

第二十二条　采伐剩余物处理应当达到以下要求：

（一）伐后应及时将可利用的木材运出林分，并清理采伐剩余物。采伐剩余物可采取运出，或平铺在林内，或按一定间距均匀堆放在林内等方式处理；有条件时，可粉碎后堆放于目标树根部鱼鳞坑中。坡度较大情况下，可在目标树根部做反坡向的水肥坑（鱼鳞坑）并将采伐剩余物适当切碎堆埋于坑内。

（二）对于抚育采伐感染林业检疫性有害生物及林业补充检疫性有害生物的林木、剩余物等，应全部清理出林分，集中烧毁，或集中深埋。

第二十三条 采取补植抚育后的林分应当达到以下要求：

（一）补植树种应选择能与现有树种互利生长或相容生长，并且其幼树具备从林下生长到主林层的基本耐阴能力的目的树种。

对于人工用材林纯林，应选择材质好、生长快、经济价值高的树种；对于天然用材林，应优先补植材质好、经济价值高、生长周期长的珍贵树种或乡土树种；对于防护林，应选择能在林冠下生长、防护性能良好并能与主林层形成复层混交的树种。

（二）用材林和防护林经过补植后，林分内的目的树种或目标树株数不低于每公顷450株，分布均匀，并且整个林分中没有半径大于主林层平均高1/2的林窗。

（三）不损害林分中原有的幼苗幼树。

（四）尽量不破坏原有的林下植被，尽可能减少对土壤的扰动。

（五）补植点应配置在林窗、林中空地、林隙等处。

（六）成活率应达到85%以上，三年保存率应达80%以上。

第二十四条 采取人工促进天然更新抚育后的林分应当达到以下要求：

（一）达到天然更新中等以上等级；

（二）目的树种幼苗幼树生长发育不受灌草干扰；

（三）目的树种幼苗幼树占幼苗幼树总株数的50%以上。

第二十五条 采取修枝抚育后的林分应当达到以下要求：

（一）修去枯死枝和树冠下部1～2轮活枝；

（二）幼龄林阶段修枝后保留冠长不低于树高的2/3、枝桩尽量修平，剪口不能伤害树干的韧皮部和木质部；

（三）中龄林阶段修枝后保留冠长不低于树高的1/2、枝桩尽量修平，剪口不能伤害树干的韧皮部和木质部。

第二十六条 采取割灌除草抚育后的林分应当达到以下要求：

（一）影响目的树种幼苗幼树生长的杂灌杂草和藤本植物全部

割除；

（二）割灌除草施工应注重保护珍稀濒危树木、林窗处的幼树幼苗，以及林下有生长潜力的幼树幼苗。

第四章　外业调查

第二十七条　作业区（地块）确定

以最新森林资源规划设计调查数据为基础，按照集中连片原则确定踏查范围。在实地踏查的基础上，合理确定抚育作业区，选择符合抚育条件的地块。

第二十八条　作业小班划定

对符合抚育条件的地块开展外业调查。根据立地条件、林分起源、年龄、郁闭度、树种组成、抚育方式等确定作业小班边界，原则上不允许跨越经理小班，作业小班面积原则上不大于 20 公顷。

作业小班面积测量采用不小于万分之一比例尺的地形图（遥感影像图）调绘、GPS（卫星定位系统）绕测或罗盘仪导线等方式。对每个作业小班应当该实测 3 个 GPS 控制点并绘制到万分之一地形图上，并且至少要拍摄 4 张反映林分现实状况的数字照片备查，其中一张附作业设计中。

第二十九条　小班调查

外业调查采用标准地调查法。根据作业小班森林资源分布和生长发育状况典型或机械布设标准地，每个标准地面积为 0.067 公顷，标准地数量分别起源按照作业设计小班面积确定。人工林标准地总面积不小于作业设计小班面积的 1%，天然林标准地总面积不小于作业设计小班面积的 1.5%。每个小班应当至少设置一块标准地。外业调查时应当记录标准地中心 GPS 坐标。

第三十条　主要调查因子

标准地主要调查因子包括环境因子（地形、立地、土壤、植被等），林分因子（权属、林种、起源、郁闭度、平均年龄、平均胸径、平均树高、株数、蓄积量、树种组成、幼苗幼树、灾害情况等）。各林木树高、平均树高可采用实测或利用树高生长方程计算。标准地调查的格式、内容等要求详见附件样式七、样式八。

第五章　作业设计

第三十一条　作业设计包括下列内容：

（一）树种和林木分级与分类：采取目标树经营作业体系的作业设计，应当进行树种和林木分类，明确小班的目的树种、辅助树种、其他树种和目标树、辅助树、干扰树和其他树；采取常规人工林抚育作业体系的作业设计，应当进行林木分级，明确小班的Ⅰ级木、Ⅱ级木、Ⅲ级木、Ⅳ级木、Ⅴ级木。

（二）抚育方式：明确采取的具体抚育方式和作业措施等。对于透光伐、疏伐、生长伐、卫生伐等抚育方式，应当明确保留木、采伐木。

（三）抚育指标：包括抚育面积、（浇水）用水量、（施肥）肥料种类与数量、（割灌除草）除草面积、（定株）定株穴数或株数，平均胸径5厘米以上的间伐小班应当有抚育强度、采伐蓄积量、出材量等，以及相应的用工量、作业时间、费用概算等。各抚育指标应当落到小班。

（四）辅助设施：包括必要的水渠、作业道、集材道、临时楞场、临时工棚等。其中，作业道路应当通到每个作业小班。

作业设计的格式、内容等要求详见附件样式四、样式五。

第三十二条　抚育方式以作业小班为单位进行设计，简易作业道等辅助设施以作业区或林班为单位进行设计。

第三十三条　作业设计有关图件

采用电子绘图。作业设计图应绘制其图纸坐标系，标注小班位置和地理坐标数据。根据林业制图规定，绘制小班边界，并注明林班号、小班号、目的树种、作业面积、郁闭度、抚育方式以及辅助设施等主要内容。图纸比例尺不小于1∶10 000。没有1∶10 000比例尺的地区，可采用1∶50 000放大到1∶25 000比例尺的地形图。

作业区位置示意图按照林业调查设计专题制图要求绘制，勾绘作业区范围，标注作业单位和作业区名称。

第三十四条　作业设计文件组成

作业设计文件主要由作业设计说明书、调查设计表、作业设计图组成。

（一）作业设计说明书以县（市、区）、国有林场为单元编写。主要内容包括设计依据和原则、作业设计地区的基本情况、抚育技术措施、人工和物资需要量、设施的修建、费用测算，以及抚育作业施工进度安排等。

（二）调查设计表包括分别作业小班的现状调查表、抚育技术设计表、工程量表、投资概算表等。

（三）作业设计图包括抚育作业布局图、小班作业设计图等。

第三十五条　作业设计文件汇总

承担森林抚育作业设计的单位应当将作业设计文件按以下顺序汇编成册：作业设计封面、设计资质证书复印件（或林业主管部门法人证书复印件、林业主管部门授权书复印件）、设计单位与设计人员、作业设计说明书、森林抚育作业设计汇总表、森林抚育作业设计一览表、森林抚育小班外业调查表、作业区位置示意图、作业设计图。

森林抚育小班标准地每木调查汇总表、人工修枝标准地调查设计因子（原始）汇总表、割灌除草标准地调查设计因子（原始）汇总表、补植标准地调查设计因子（原始）汇总表、人工促进天然更新标准地调查设计因子（原始）汇总表，作业小班抚育前林分状况照片等另册装订。标准地每木调查原始表存档但不装订。

第六章　作业设计档案

第三十六条　抚育任务承担单位应当将调查资料、作业设计文件、审批文件等资料归档并永久保存。并同时保存计划下达文件、组织管理文件、公示材料、施工合同、自查报告、财务票据等资料。

第三十七条　抚育任务承担单位应当建立森林抚育作业设计电子档案，所有抚育作业设计文件均实行纸质材料和电子文件双项归档，作业设计汇总表和作业设计一览表同时保存原始电子表格，有条件的单位还应当保存原始制图数据和文件。

第七章　附　则

第三十八条　作业设计编制、审批实行责任追究制度。承担抚育调查、设计、审批等工作的单位和个人必须严格遵守本规定及职业操守，在实地调查的基础上如实填报数据、科学设计抚育措施、严格审核把关，并在调查表、设计文件、审批文件上签名确认。对违反本规定的单位和个人将依法依规追究责任。

第三十九条　本规定由省林业厅负责解释。

第四十条　本规定自发布之日起实施。2012 年 11 月 19 日印发的《河南省森林抚育作业设计规定（试行）》（豫林造〔2012〕308 号）同时废止。

附件：森林抚育作业设计文件组成

1. 作业设计封面（样式一）
2. 设计资质证书复印件
3. 作业设计单位与设计人员（样式二）
4. 作业设计说明书编写提纲（样式三）
5. 森林抚育作业设计汇总表（样式四（一）国家级、样式四（二）省级）
6. 森林抚育作业设计一览表（样式五）
7. 森林抚育小班外业调查表（样式六）
8. 森林抚育小班标准地每木调查表（样式七）
9. 森林抚育小班标准地每木调查汇总表（样式八）
10. 补植标准地调查设计因子（原始）汇总表（样式九）
11. 人工促进天然更新标准地调查设计因子（原始）汇总表（样式十）
12. 人工修枝标准地调查设计因子（原始）汇总表（样式十一）
13. 割灌除草标准地调查设计因子（原始）汇总表（样式十二）
14. 作业区位置示意图（样式十三）
15. 森林抚育作业设计图（样式十四）

样式一

××县（林业局、国有林场）××年度森林抚育作业设计

××县林业局（或国有林场）或有资质的林业调查设计单位

××××年××月

样式二

作业设计单位与设计人员

设计单位名称(盖章):
法人代表:
设计单位资质:
设计负责人(签名):
设计人员:
设计时间:

样式三

作业设计说明书编写提纲

作业设计说明书以任务承担单位为单元编写,主要内容包括:

1. 设计目的、指导思想、主要依据、基本原则。

2. 设计区概况

包括自然地理条件、社会经济条件、森林经营状况、抚育对象的基本情况等。

3. 外业调查说明

主要说明森林资源调查方法、作业区和作业小班划分方法以及主要技术指标确定依据和方法等。

4. 各项技术措施设计

包括各类型林分主要特点、作业措施要求及作业后可能产生的影响及程度等。

5. 成本效益测算

包括采用的主要技术经济指标、说明及依据,投资概算及资金筹措,效益分析等。

样式四(一)

森林抚育作业设计汇总表(国家级)

单位:公顷、千米、平方米、立方米、工、万元

乡镇(林场)	作业面积									其中				辅助设施				采伐蓄积	出材量	用工量	投资概算		
	合计	透光伐	疏伐	生长伐	卫生伐	补植	人工促进天然更新	割灌除草	综合抚育	起源		林种		作业道路	集材道路	临时楞场	临时工棚				小计	国家补贴资金	地方配套资金
										天然林	人工林	公益林	用材林										
合计																							

注:1. 以定株为主的疏伐直接填疏伐;

2. 人工促进天然更新仅限于封育林。

样式四(二)

森林抚育作业设计汇总表(省级)

单位:公顷、千米、平方米、立方米、工、万元

乡镇(林场)	作业面积											生态经济林							辅助设施				采伐蓄积	出材量	用工量	投资概算		
	合计	小计	透光伐	疏伐	生长伐	卫生伐	补植	小计	人工促进天然更新	割灌除草	人工修枝	小计	扩穴	定干	整形	除萌	补植	竹林抚育	作业道路	集材道路	临时楞场	临时工棚				小计	省级补贴	配套及自筹
合计																												

注:1. 以定株为主的疏伐直接填疏伐;人工促进天然更新仅限于封育林。

2. 作业设计面积中,抚育间伐面积合计不低于40%,人工促进天然更新、割灌除草和修枝合计不超过30%,生态经济林抚育面积合计不超过30%。

3. 起源为飞播林的计入人工林,公益林包括防护林和特用林,生态经济林包括生物质能源林、木本油料林、干果类树种和竹林。

样式五

森林抚育作业设计一览表

单位：公顷、厘米、%、株、立方米、千克、工、元

乡镇（林场）	村（林班）	小班号	小班面积	抚育方式	林种	起源	郁闭度		目的树种平均胸径		目的树种和辅助树种株数比例		公顷林木株数		间伐强度		出材量	补植		修枝株数	割灌除草穴数	人工促进天然更新株数比例	扩穴、除萌、定干、整形株数	用工量	剩余物清理量	投资概算
							作业前	作业后	作业前	作业后	作业前	作业后	作业前	作业后	株数	蓄积		树种	株数							
合计																										

注：1. 目的树种和辅助树种株数比例是指所占林分总株数比例；

2. 人工促进天然更新比例指目的树种幼苗幼树占总幼苗幼树比例；

3. 扩穴、除萌、定干、整形株数指生态经济林抚育（省级抚育填写该项）。

样式六

森林抚育小班外业调查表

调查人员：	项目来源		调查日期： 年 月 日
位置： 乡镇(林场) 村(林班) 小班 地理坐标：			
小班面积： 公顷。 起源： 土地权属： 林木权属： 林种：			
地貌类型：①山地阳坡 ②山地阴坡 ③山地脊部 ④山地沟谷 ⑤丘陵 ⑥岗地 ⑦阶地 ⑧河漫滩 ⑨平原 ⑩其他(具体说明)			
海拔： 米	坡度：	坡向：	坡位：
目的树种天然更新情况：			
幼苗、幼树更新频度： 株/公顷，平均年龄： 年，生长状况：①良好 ②较好 ③一般 ④较差			
土壤类型：	土层厚度： 厘米		

林下植被调查	总盖度(%)	高度(米)	分布状况
主要灌木：			
主要草本：			
珍稀物种：			

林分因子调查	小班平均	标准地1	标准地2	标准地3
年龄(年)				
郁闭度				
树种组成				
平均胸径(厘米)				
平均树高(米)				
公顷株数(株)				
公顷蓄积(立方米)				
灌木草本盖度(%)				
灾害发生情况				

续表

公顷目标树株数(株)			
公顷辅助树株数(株)			
公顷干扰树株数(株)			
公顷其他树株数(株)			

注:1. 项目来源分国家补贴、省级补贴;
2. 地理坐标填写小班1号标准地的中心GPS坐标;
3. 起源分人工林、天然林、飞播林;
4. 布局分天保区、非天保区;权属分国有、集体;林种分防护林、特用林、用材林;
5. 区位分片林、高速林、国道林、省道林、县乡村路林、围村林、河渠林、农林间作、农田防护林等。

样式七

森林抚育小班标准地每木调查表

________乡镇(林场) ________村(林班) ________小班 标准地号________
标准地面积________起源________

编号	树种名称	胸径	树高	林木分类	林木分级	材积

调查人员: 调查日期: 年 月 日

样式八

森林抚育小班标准地每木调查汇总表

________乡镇（林场） ________村（林班） ________小班 标准地号________标准地面积________ 起源________

树种												
径阶	保留木		采伐木		保留木		采伐木		保留木		采伐木	
	株数	材积	株数	材积	株数	材积	株数	材积	株数	材积	株数	材积
6												
8												
10												
12												
14												
16												
18												
20												
22												
24												
26												

续表

树种												
径阶	保留木		采伐木		保留木		采伐木		保留木		采伐木	
	株数	材积	株数	材积	株数	材积	株数	材积	株数	材积	株数	材积
28												
30												
32												
34												
36												
38												
40												
合计												
平均直径												
平均树高												
每公顷蓄积												

计算：　　　　检查：　　　　年　　月　　日

样式九

补植标准地调查设计因子(原始)汇总表

单位:公顷、年、米、厘米、株、丛、立方米、%、吨

乡镇(林区)	村(林班)	小班号	面积	标准地号	标准地中心坐标	作业前调查因子						作业设计因子				
						树种组成	林龄	保存率或郁闭度	林中空地	公顷株数	公顷蓄积	补植面积	补植树种选择	公顷补植株数	种植点配置	目的树种株数和均匀度
合计																
				平均												
				1												
				2												
				3												

注:1. 保存率或郁闭度栏中,人工林郁闭成林后的第一个龄级填保存率,郁闭成林后的第二个龄级及以后各龄级填郁闭度;

2. 林中空地指含有大于25平方米林中空地的;

3. 对新造生态林(造林后第2年~第3年)成活率在41%~84%进行补植;

4. 目的树种株数和均匀度指补植后目的树种每公顷达到450株以上,均匀度指目的树种分布是否均匀。

样式十

人工促进天然更新标准地调查设计因子(原始)汇总表

__________ 县(市、区、林场)　　　　单位:公顷、年、株、丛、米、%、吨

							作业前调查因子				作业设计因子		
乡镇(林区)	村(林班)	小班号	面积	标准地号	标准地中心坐标	起源	树种组成	林龄	目的树种天然更新等级	目的树种幼苗幼树占幼苗幼树总株数比例	天然更新面积	目的树种天然更新等级	目的树种幼苗幼树占幼苗幼树总株数比例
合计	/	/		/	/		/	/	/	/	/	/	/
				平均	/								
				1									
				2									
				3									

注:1. 此表为外业调查时手工填写表,既是原始调查表,又是设计因子汇总表,表中部分数据可在外业调查后进行内业计算、填写。

2. 仅在以封育为主要措施的复层林或近熟林中进行。

样式十一

人工修枝标准地调查设计因子(原始)汇总表

________县(市、区、林场)　　　　　　单位:公顷、年、株、丛、米、%、吨

乡镇(林区)	村(林班)	小班号	面积	标准地号	标准地中心坐标	作业前调查因子							作业设计因子					作业后设计因子				剩余物清理量
						树种组成	林龄	公顷株数	郁闭度	平均树高	树冠厚度	枯枝层厚度	修枝方式	公顷修枝株数	除枝厚度	除枝强度	修枝时间(月)	郁闭度	树冠厚度	冠高比	林分卫生条件是否改善	
合计	/	/		/	/	/	/	/	/	/	/	/	/	/	/	/	/	/	/	/		
				平均	/																	
				1																		
				2																		
				3																		

注:1. 此表为外业调查时手工填写表,既是原始调查表,又是设计因子汇总表,表中部分数据可在外业调查后进行内业计算、填写。

2. 作业前树冠厚度含枯枝层厚度。

3. 除枝强度是指除枝厚度占作业前树冠厚度的百分比,一般不低于25%。

4. 修枝方式是指平切法(贴近树干平滑除枝)或留桩法(留1~3 cm的残桩,针对轮生枝)。

5. 冠高比是指树冠厚度与树高之比,幼龄林抚育后的冠高比应在0.66~0.75,中龄林抚育后的冠高比应在0.50~0.66。

样式十二

割灌除草标准地调查设计因子(原始)汇总表

__________ 县(市、区、林场)　　　　单位:公顷、年、株、丛、%、吨

乡镇(林区)	村(林班)	小班号	面积	标准地号	标准地中心坐标	作业前调查因子									作业设计因子						作业后设计因子					剩余物清理量
						树种组成	林龄	公顷株(丛)数	郁闭度	灌木高度	灌木草本盖度	珍稀物种(含珍贵物种)	有赏及经济价值(含药用)等物种	公顷幼树幼苗株数	割灌除草方式	割灌除草强度	保留珍稀及观赏等物种	保留林缘路缘孤立灌	公顷割除幼树苗株数	割灌除草时间(月)	郁闭度	灌木草本盖度	珍稀及观赏等物种保留	林缘路缘孤立灌保留	公顷保留幼树幼苗株数	
合计	/	/		/	/	/	/	/	/	/	/	/	/	/	/	/	√	√	/	/	/	/	是	是	/	
				平均	/												√	√					是	是		
				1													√	√					是	是		
				2													√	√					是	是		
				3													√	√					是	是		

注:1. 此表为外业调查时手工填写表,既是原始调查表,又是设计因子汇总表,表中部分数据可在外业调查后进行内业计算、填写。

2. 公顷株(丛)数不含天然更新目的树种的幼树、幼苗株数。

3. 珍稀物种(含珍贵物种)、有观赏及经济(含药用)价值等物种填写物种名称。

4. 割灌除草方式包括全面机割、全面人割、局部机割、局部人割。

5. 割灌除草应在5、6月进行。

样式十三

作业区位置示意图

×× 林业局、县、区、市、林场
×××× 年森林抚育作业区位置示意图

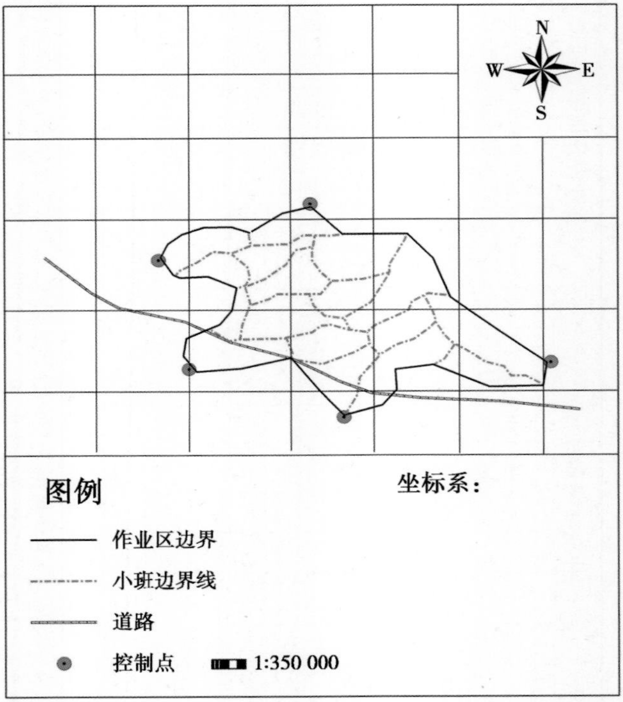
N
W
E
S
图例
坐标系：
作业区边界
小班边界线
道路
控制点
1:350 000

注：1. 以适当比例尺，将所有作业区位置绘制在一张图上，勾绘作业区范围，标注作业区名称。

2. 坐标系指西安 80 坐标系或北京 1954 坐标系。

样式十四

森林抚育作业设计图

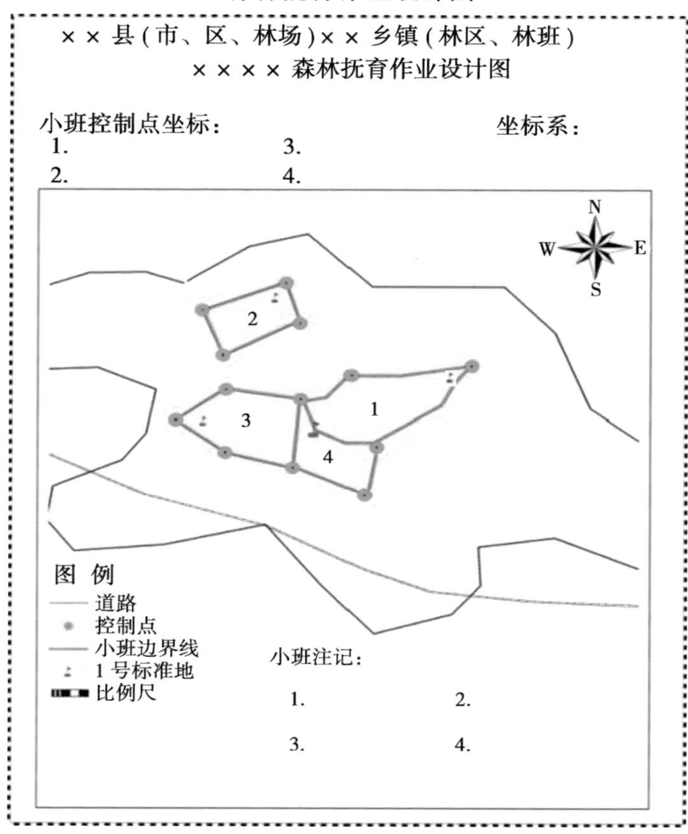

注:以地形图为底图,小班控制点坐标填写小班的任一角点GPS坐标(相邻小班不重复)或小班1号标准地的中心GPS坐标。

参 考 文 献

[1] 胡建全,等. 第八次全国森林资源清查河南省森林资源清查结果(2013 ~ 2014)[R]. 国家林业局华东森林资源调查设计院,2013.
[2] 王祝雄,等. 全国森林经营规划(2016 ~ 2050 年)[R]. 2016:18-19.
[3] 陆元昌,等. 多功能人工林经营技术指南[M]. 北京:中国林业出版社,2014.
[4] 赵晨,韩冰, 康君. 混交林的研究进展分析[J]. 森林工程,2009,25(2):18-21.
[5] 沈国舫,翟明普. 混交林研究[M]. 北京:中国林业出版社, 1997.
[6] 吕海波. 浅议营造人工纯林的危害[J]. 民营科技,2010(6):110.
[7] 沈国舫,翟明普. 森林培育学[M]. 2 版. 北京:中国林业出版社,2015.